Susanne Watzke-Otte

Selbstmanagement

Erfolgsfaktoren beachten und systematisch nutzen

POCKET BUSINESS

Cornelsen

Die Autorin

Dr. Susanne Watzke-Otte arbeitet als selbstständige/ freiberufliche Trainerin und Beraterin mit den Schwerpunkten Selbstmanagement, Kommunikation und Moderation.

Verlagsredaktion: Marlies Bocionek
Grafik und technische Umsetzung: Holger Stoldt, Düsseldorf
Umschlaggestaltung: Katrin Nehm
Titelfoto: © Cotton/Mauritius

Cornelsen online www.cornelsen-berufskompetenz.de

2. Auflage Druck 4 3 2 1 Jahr 08 07 06 05

Druck: Druckhaus Berlin-Mitte

ISBN 3-589-23431-8

Bestellnummer 234318

Gedruckt auf säurefreiem Papier, umweltschonend hergestellt aus chlorfrei gebleichten Faserstoffen.

Inhaltsverzeichnis

Einleitung

Was Selbstmanagement umfasst und leistet

Sie haben vermutlich zu diesem Buch gegriffen, weil Sie mit Ihrer Arbeit – und vielleicht mit Ihrem ganzen Leben – besser zurechtkommen möchten. Sie möchten mehr Effizienz im Beruf, mehr Erfolg, aber Sie möchten das notwendige Engagement auch mit einem zufrieden stellenden Privatleben verbinden können? Dieser Einklang von Beruflichem und Privatem erfährt wieder mehr Aufmerksamkeit und es hat sich die Erkenntnis durchgesetzt, dass Leistung ohne Ausgleich schwer möglich ist. Wie sieht Ihr Alltag zurzeit aus? Erkennen Sie sich in dem folgendem Beispiel wieder?

Eva M., 43 Jahre, berufstätig, verheiratet, zwei Kinder (8 und 12 Jahre), möchte in ihrem Leben erfolgreich sein.
Um beruflich weiterzukommen, besucht sie seit Jahren verschiedene Weiterbildungsveranstaltungen. Natürlich sind ihr auch ihre Partnerschaft und ihre Kinder sehr wichtig. Sie versucht, sich genügend Zeit für ihren Mann zu nehmen und ihre Attraktivität zu behalten. Sie geht regelmäßig ins Fitness-Studio, zur Kosmetikerin, kleidet sich modisch und typgerecht. Um ihren Kindern einen perfekten Start zu geben, liest Frau M. Eltern-Ratgeber und bemüht sich, neueste pädagogische Erkenntnisse in der alltäglichen Erziehung umzusetzen. (Konflikte, die hierbei mit ihrer Schwiegermutter auftreten, versucht sie so zu bearbeiten, wie sie es in einem Konfliktmanagement-Seminar gelernt hat.) Auch nimmt sie sich Zeit für gemeinsame Aktivitäten, Spiele , Ausflüge. Natürlich weiß Frau M., dass es wichtig ist, auch für sich selbst etwas zu tun. Deshalb geht sie zum Yoga und zum Spanisch-Kurs an der VHS. Für ihren Freundes- und Bekanntenkreis ist Frau M. immer da: Für Probleme hat sie jederzeit ein offenes Ohr und steht bereit für tatkräftige Unterstützung. Manchmal fühlt Frau M. sich sehr erschöpft und fragt sich, ob das alles wirklich Sinn macht – aber sie möchte doch erfolgreich sein…

Sie können sich das Beispiel sicher leicht auch für Adam S. vorstellen: Er macht Karriere, treibt Sport im Verein, spielt Schach, ist in der Kommunalpolitik tätig, hat Familie…
Gäbe es Frau M. oder Herrn S., hätten sie massive Probleme: Ihr Tag müsste 48 statt 24 Stunden haben und sie würden wahr-

scheinlich auf Grund des permanenten Stresses ihre Gesundheit aufs Spiel setzen. Aber: Kämpfen wir nicht alle oft an zu vielen Fronten? Sind unsere Ziele nicht oft zu unklar, fehlen Prioritäten? Verzetteln wir uns nicht zu oft, können wir wirklich „Nein" sagen, verschwenden wir nicht oft Energien…?

Was bedeutet Selbstmanagement?

Selbstmanagement bietet für diese Problemlage kein kurzes Rezept, sondern umfasst – kurz gefasst – all das, was Sie Ihren Zielen näher bringt, was Sie erfolgreicher macht, ohne dass Sie sich erschöpft von einem Tag zum nächsten hangeln. Selbstmanagement kann Ihr Leben in Balance bringen und halten – dadurch, dass Sie an sich arbeiten. Effizienter Umgang mit der Zeit gehört dazu, aber Zeit ist begrenzt und Tempo nicht beliebig steigerbar. Selbstmanagement setzt tiefer an:

1. Sie müssen auswählen, entscheiden, wo es lang geht.
2. Sie müssen „wollen".
3. Sie müssen die Dinge „richtig" tun: Energien bündeln, Kräfte konzentrieren, Organisation optimieren.

Anders gesagt: Zum Selbstmanagement gehören u.a.Techniken und Methoden zur Zielentwicklung, Selbstreflexion und persönlichen Weiterentwicklung, zur besseren Selbstorganisation, zum Stressmanagement.

Der 1. Schritt: Ziele und Erfolgskriterien

Ausgangspunkt sind Ihre Ziele und die Festlegung, was für Sie Erfolg darstellt. Lebensziele lassen sich nicht auf einen Nenner bringen. Für manche ist es vielleicht „mein Haus, mein Auto, mein Boot" (wie in dem bekannten Werbespot), also Status, Ruhm und Geld. Für andere geht es um Selbstverwirklichung – z.B. der Handwerker, der sich bemüht, gute Arbeit zu leisten. Für wieder andere steht das Menschliche im Vordergrund – z.B. für die Altenpflegerin, die Menschen versorgt. Oder die Familie steht im Mittelpunkt – z.B. das Paar, das versucht, seine Kinder zu selbstbewussten und offenen Persönlichkeiten zu erziehen.

Fassetten, mit denen sich Erfolg im Einzelnen beschreiben lässt, sind beispielsweise:

- eine schwierige Aufgabe zu lösen,
- Dinge, die man sich schon lange vorgenommen hat, endlich zu realisieren,
- sein Leben so zu leben, wie man es selbst für sinnvoll hält – auch, wenn andere es nicht verstehen,
- Spaß an seinem Leben zu haben,
- liebe- und vertrauensvolle Beziehungen aufzubauen,
- nie sagen zu müssen: „Hätte ich doch nur…“.

Suchen Sie als erstes Antworten auf folgende Fragen:

- Wie stellen Sie sich Ihr Leben vor?
- Was symbolisiert für Sie Erfolg?
- Was empfinden Sie für sich persönlich als Erfolg?
- In welchen Bereichen Ihres Lebens wollen Sie erfolgreich(er) sein?

Der 2. Schritt: Wollen und Verhalten ändern

Ziele und Vorstellungen vom Erfolg nützen nichts, wenn Sie nicht konsequent darauf hinarbeiten! Die Übersicht auf der folgenden Seite zeigt, wie das gemeint ist, was erfolgreiche von erfolglosen Menschen unterscheidet. Und wie lässt sich das umsetzen? Vorsicht! Lassen Sie sich nicht von Sprüchen wie diesen irritieren:

„Es gibt Menschen, die haben immer Erfolg – egal, was sie anpacken.“
„Vom Tellerwäscher zum Millionär – wer wirklich erfolgreich sein will, der wird es auch.“
„Um erfolgreich zu sein, muss man hart sein – gegen sich und andere.“

Kein Mensch hat immer und überall Erfolg. Suchen Sie sich Vorbilder, aber schauen Sie genau hin: Viele sehr „erfolgreiche“ Menschen haben ihre Durststrecken hinter sich – oder noch vor sich. Auch wenn man wirklich „will“… muss man trotzdem das notwendige Können mitbringen und selbst das reicht nicht, wenn die Umstände nicht mitspielen. Da will ein Junge unbedingt ein Basketballstar werden, er trainiert wie ein

Besessener und hat auch das nötige Ballgefühl – aber, leider, er ist nur 1,65 Meter groß... Man muss hart sein – wirklich? Klar, man braucht eine gewisse Ausdauer, auch Durchsetzungsvermögen, aber jemand, der hart zu sich und anderen ist, wird eher einsam, gestresst und unglücklich als erfolgreich...

Erfolgreiche Menschen...	**Erfolglose Menschen...**
setzen sich Ziele und handeln danach	leben plan- und ziellos
sagen: Ich will!	sagen: Ich muss...
treffen Entscheidungen und akzeptieren Konsequenzen	schieben auf aus Angst vor den Konsequenzen
haben den Mut, Fehlentscheidungen zu korrigieren	halten an offensichtlichen Fehlentscheidungen fest
setzen klare Prioritäten	können wichtig / unwichtig nicht unterscheiden
wissen um ihre Stärken und Schwächen	nehmen nur Schwächen wahr: bei sich und anderen
übernehmen Verantwortung für Fehler, die sie gemacht haben	geben anderen Menschen oder den Umständen die Schuld
sehen die Chancen in Problemen	sehen in jeder Chance ein Problem
leben selbstbestimmt	leben fremdbestimmt

Der 3. Schritt: Systematisches Herangehen

William Somerset Maugham hat einmal gesagt:

Viele erkennen zu spät,
dass man auf der Leiter des Erfolgs
einige Stufen überspringen kann.
Aber immer nur beim Hinuntersteigen.

Selbstmanagement bietet, das kann nur wiederholt werden,

keine Patentrezepte. Es ist harte Arbeit und das Bild einer Leiter des Erfolgs passt gut. Es sind im Wesentlichen sechs Stufen, die bewältigt werden müssen:

1. Sich darüber klar werden, was ich möchte – über meine Wünsche nachdenken.
2. Daraus verbindliche Ziele formulieren: Statt „Ich möchte" nun ein „Ich will!".
3. Selbstanalyse: Was kann ich? Kann ich umsetzen, was ich will oder muss ich dafür noch etwas lernen bzw. verändern?
4. Planung: Wie muss ich in der Praxis vorgehen – um Verhalten zu verändern, um neues Wissen zu erwerben?
5. Erst jetzt beginnt die Realisierung: Es geht los!
6. Schließlich haben Sie ein Ergebnis, das Sie überprüfen: Ist es positiv, waren Sie erfolgreich?
   Wenn ja: Weiter so!
   Wenn nein: Warum nicht, was muss ich ändern?

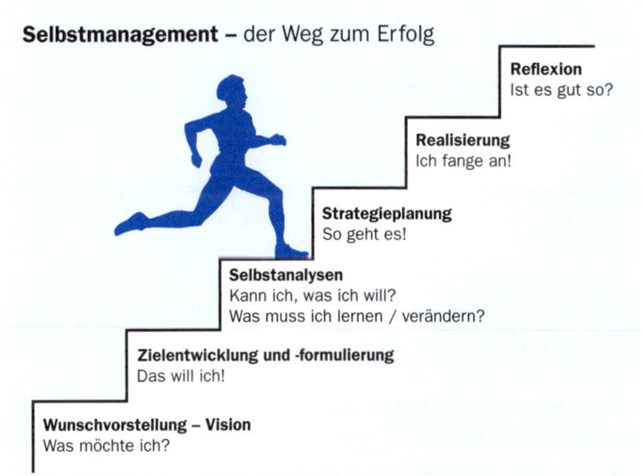

Abb. Erfolgsleiter

Was brauche ich, um die Erfolgsleiter zu erklimmen?

Selbstmanagement setzt sich im Einzelnen aus vielen Verhaltens- und Vorgehensweisen zusammen – einige sind schon genannt worden. Ich schlage Ihnen vor, an 12 Themen zu arbeiten, die alles Wesentliche zum Selbstmanagement beinhalten, und ich habe sie mithilfe des Wortes ERFOLG geordnet:

Energie	**E**ntscheidungskraft
Reflexionsvermögen	**R**ealismus
Fehlschläge meistern	**F**antasie
Organisation	**O**rdnung
Lernfähigkeit	**L**oslassen können
Genießen können	**G**lücklich sein

So buchstabiert man Erfolg! Das ist natürlich nicht zwangsläufig, aber ich biete Ihnen in dem zugleich so aufgebauten Buch einen erprobten und praktikablen Vorschlag an, von dem schon eine große Anzahl von Seminarteilnehmern profitiert hat.

Der Umgang mit dem Buch

Lesen Sie also von „E“ bis „G“, was Sie tun können, um (noch) erfolgreicher zu werden! Es gibt zwei Möglichkeiten: Entweder wählen Sie aus, was für Sie, für Ihr Leben Sinn macht, und beschäftigen sich mit einzelnen Kapiteln. Oder Sie benutzen das Bändchen als Selbstkurs – dann sollten Sie die Reihenfolge einhalten, weil ihr eine Systematik innewohnt – von Zielen und Reflexion am Anfang, über die verschiedenen Techniken und Instrumente, bis zum Genießen des Lebens, den Moments of Excellence am Ende. Und natürlich kann Ihnen dieses Buch im gegebenen Umfang nur einen Einstieg bieten – vielleicht ist es Anstoß für Sie, die für Sie wichtigen Themen durch weitere Lektüre oder passende Kurse zu vertiefen.
Und nun viel Spaß bei der Lektüre und viel Erfolg bei der Anwendung des Gelesenen in Ihrem Alltag!

1 E wie Energie gewinnen und Entscheidungen treffen

1.1 Motivation durch Wünsche und Visionen

„Die Vorstellungskraft ist der Anfang der Schöpfung.
Man stellt sich vor, was man will;
man will, was man sich vorstellt;
und am Ende erschafft man, was man will.“
George Bernard Shaw

Energie erwächst aus Motivation und Motivation hängt mit Zielen zusammen, damit, was man persönlich erreichen möchte. Ein entscheidender Fehler ist, sich in eingefahrenen Bahnen zu bewegen.

Wenn Selbstmanagement ernst gemeint ist, dann muss man bewusst klären, was man will.

Ich weiß nicht, wie alt Sie sind, aber es geht immer um das, was Sie noch vor sich haben – Blick nach vorn! Sie kennen den Spruch:
„Heute ist der erste Tag vom Rest meines Lebens.“

Was also wollen Sie im Leben noch erreichen?

Zugegeben, eine provokative Frage. Wir werden alle nicht unbedingt gern daran erinnert, wie endlich das Ganze doch ist. Nichtsdestotrotz: Es geht darum, die zukünftigen Jahre erfolgreich zu verbringen. Entscheiden Sie sich: Was wollen Sie – welche Ziele möchten Sie erreichen, mit welchen Inhalten wollen Sie diese Jahre füllen?

Nehmen Sie sich Zeit, darüber gründlich nachzudenken.

Checkliste: Wie motiviert sind Sie zur Zeit?

Beantworten Sie sich bitte folgende Fragen:

	Ja	Nein
Identifiziere ich mich mit dem, was ich täglich (beruflich und privat) tue – macht es mir Spaß und macht es Sinn?		
Habe ich genügend Handlungsspielraum, um mein Leben so zu gestalten, wie ich es mir vorstelle?		
Kann ich mich in meinem momentanen Lebensumfeld weiterentwickeln – habe ich dafür Raum und Zeit?		
Kenne und nutze ich meine Potenziale?		
Wende ich meine Fähigkeiten an?		
Werde ich von anderen (Vorgesetzte, Kollegen, Bekannte, Freunde und Familie) anerkannt und bestätigt?		
Gebe ich mir Anerkennung, lobe ich mich selbst, wenn ich erfolgreich war?		
Habe ich Ziele, die mich motivieren, oder will ich nur etwas vermeiden?		
Fühle ich mich gesund und wohl?		
Gilt für mich: „Je mehr Vergnügen ich an etwas finde, umso besser gelingt es mir?“		
Habe ich heute schon gelacht?		

Exkurs: Psychologische Untersuchung

Spätestens in der Lebensmitte (ein Anlass können „runde" Geburtstage sein…) beginnen wir, Bilanz zu ziehen: *Wie erfolgreich bin ich, wie glücklich und zufrieden fühle ich mich, habe ich meine Chancen bislang genutzt?*
Wie diese Bilanz ausfällt, hat Auswirkungen auf unser körperliches und seelisches Wohlbefinden, wie eine amerikanische Studie der Psychologinnen Abigail J. Stewart (University of Michigan) und Elisabeth A. Vandewater (University of Texas, Austin) zeigt: Hier wurden Frauen im Abstand von 11 Jahren (einmal im Alter von 36 Jahren, dann mit 47 Jahren) befragt: nach ihren Lebenszielen und Berufswünschen, nach Änderungsbedarf in ihrem Leben. Die Frauen, die trotz Unzufriedenheit nach 11 Jahren ihr Leben nicht verändert hatten, hatten weniger Selbstvertrauen, waren depressiver, ängstlicher und körperlich labiler als die Frauen, die ihr Leben aktiv angepackt und ihren Wünschen entsprechend gestaltet hatten.

Wir können also aus der psychologischen Forschung schließen: Nicht genutzte Möglichkeiten, unerfüllte Lebenswünsche können sich negativ auf unsere seelische und körperliche Gesundheit auswirken. Ersparen Sie sich das!

Anregung: Sich über Wünsche und Visionen klar werden

Denken Sie gründlich darüber nach, welche Ziele Sie verfolgen wollen – die folgenden Fragen bieten eine Hilfestellung.

- Was wünsche ich mir von meinem Leben?
  Welche Visionen, Wünsche und Träume haben Sie? Schreiben Sie auf, was Ihnen spontan einfällt – bewerten Sie nicht, verzichten Sie auf die „Schere im Kopf" („Das geht sowieso nicht." „Dafür ist es zu spät.", „Das schaffe ich gar nicht.")

- Wie soll ein glücklicher Tag in meinem Leben in fünf Jahren aussehen? Was will ich dafür tun?
  Malen Sie sich diesen Tag in allen Einzelheiten aus, lassen Sie einen Film im Kopf ablaufen, schreiben oder zeichnen Sie es auf. Dieses Umsetzen von Wünschen in Bilder motiviert und bringt Sie dem Erfolg ein Stück näher, Untersuchungen haben gezeigt, dass Sportler, die den gewünschten Sieg visualisieren, tatsächlich häufiger siegreich sind – Training allein reicht noch nicht. Machen Sie dann im nächsten Schritt eine Liste: Was wollen Sie dafür tun, dass dieser Tag Realität werden kann?
- Worauf verzichte ich keinesfalls?
  Es gibt Werte, Überzeugungen, Inhalte, die uns wichtig sind, auf die wir unter keinen Umständen verzichten wollen: Notieren Sie sie. Können Sie das, was Sie vorher festgehalten haben, trotzdem in den wesentlichen Zügen umsetzen? Passen also Ihre Werte und Ihre Zielvorstellungen zusammen? Wenn nicht: Sind Anpassungen möglich?
- Worauf möchte ich eines Tages zurückblicken?
  Stellen Sie sich vor, Sie sind 75 oder 80 Jahre alt – was möchten Sie dann erreicht haben, worauf wollen Sie stolz sein? Was müssen Sie dafür noch tun?
- Was soll mal auf meinem Grabstein stehen?
  An was soll man sich erinnern, wenn man an Sie denkt? Was bleibt von Ihnen? Was möchten Sie hinterlassen? Sind Sie dafür auf dem richtigen Weg?

Was ist Motivation?

Wie kann man die Energie gewinnen, die man braucht, um seine Wünsche und Visionen zu realisieren – anders gefragt: Wie können wir uns möglichst dauerhaft motivieren und Demotivation vermeiden?

Im Alltag ist Motivation ein sehr schillernder Begriff. Umgangssprachlich verstehen wir Motivation als die Empfindungen, die uns zu einer bestimmten Leistung bringen: „Ich bin richtig motiviert, jetzt werde ich…“

Oder eben auch: „Irgendwie bin ich heute total demotiviert, ich kann nicht…“
Wer hat noch nicht den gut gemeinten Ratschlag bekommen: „Du musst dich stärker motivieren, dann schaffst du das auch!“ Von bekannten„Motivationstrainern“, die andere über glühende Kohlen oder Glasscherben laufen lassen, wollen wir erst gar nicht reden…

> In der Psychologie meint „Motivation“ die Prozesse, die dem menschlichen Verhalten eine bestimmte Intensität, eine bestimmte Richtung und eine bestimmte Ablaufform verleihen.
> Motivation ist danach der Beweggrund für unser Handeln, bestimmt unser Verhalten – bewusst und unbewusst.

Es wurde und wird ausgiebig zum Thema geforscht, es existieren verschiedenste Theorien.
Einer der bekanntesten Motivationsexperten in Deutschland, Reinhard K. Sprenger zieht allerdings eine ziemlich nüchterne Bilanz: Aus der Motivationsforschung erweist sich seiner Ansicht nach „wenig als dauerhaft oder auch nur im Rückblick erträglich. Und selten ist etwas Praktisches dabei herausgekommen.“ (Sprenger, 2000, S. 9) Er selbst bringt Motivation auf die kurze Formel „Ich will!“ und unterscheidet dabei zunächst die allgemeine und die spezifische Motivation:

- Die allgemeine Motivation ist ein Aktionspotenzial, das jeder Mensch besitzt – allerdings unterschiedlich stark ausgeprägt. Wir alle wollen etwas ausprobieren und gestalten – die Neugieraktivität. Und wir alle wollen planen, umsetzen, ein dem entsprechendes Ergebnis bekommen – die Funktionslust.
- Die spezifische Motivation dagegen bezieht sich auf eine bestimmte Aufgabe, sie legt fest, warum und wie jemand handelt, mit welchen Zielen, mit welchen Methoden.

Beeinflusst wird unsere Motivation dabei sowohl durch uns selbst wie auch durch unsere Umwelt, die jeweiligen Situationsbedingungen:

- Die Motivation, die von der Person selbst, von innen kommt („intrinsische“ Motivation), wird bestimmt durch unser Selbstkonzept. Individuelle Werte, Prägungen, Fähigkeiten, Wünsche und Bedürfnisse können „Motive“ bilden, die uns antreiben: Verantwortung, Neugier, Problemlösungsfreude, Freude an zunehmendem Wissen, an wachsenden Fähigkeiten und Handlungsmöglichkeiten etc. Die intrinsische Motivation gilt allgemein als die dauerhaftere.
- Die aus dem sozialen Umfeld kommende Motivation („extrinsische“ Motivation) entsteht aus äußeren Anreizsystemen. Wir versprechen uns z.B. persönliche Vorteile: mehr Geld, Karriere, Prestige. Wir wollen anderen eine Freude, uns beliebt machen. Wir glauben vielleicht, etwas tun zu müssen – aus schlechtem Gewissen heraus, weil sonst Schuldgefühle drohen.

(Mehr zur Motivationspsychologie können Sie in dem in der gleichen Reihe Pocket Business erschienenen Band „Motivationstechniken“ von Georg Felser nachlesen.),

Was motiviert Sie?

Jeder von uns kennt Phasen, in denen alles perfekt läuft, wir sind motiviert bis in die Haarspitzen. Dann wieder kommen Zeiten der Demotivation: Null Bock auf gar nichts.

> Versuchen Sie einmal, sich Ihre „Motivatoren“ bewusst zu machen, die Anreize, die dafür sorgen, dass es oft so gut klappt.

Wenn Sie erst wissen, woran es jeweils lag, können Sie versuchen, diese Motivatoren absichtsvoll einzubauen und zu nutzen.
Denken Sie an Situationen, in denen Sie erfolgreich waren, in denen Sie etwas Schwieriges sehr gut gemacht, besondere Anforderungen bewältigt haben. Wie haben Sie das geschafft, was hat Sie dazu gebracht, anzufangen und durchzuhalten? Gehen Sie die folgende Checkliste durch!

Checkliste:

Ihre Motivatoren – was klappte bisher?

- War es die (persönliche oder soziale) Anerkennung, die Sie motiviert hat?
- Haben Sie sich vielleicht sogar handfeste Vorteile von der erfolgreichen Bewältigung der Situation versprochen: Mehr Geld, einen besseren Job, Aufstiegschancen, ein besseres „Image", mehr Prestige usw.?
- War es die Herausforderung, das Risiko? Für manche Menschen ist gerade der Nervenkitzel ein Motivator.
- Fanden Sie es reizvoll, sich mit anderen zu messen, zu konkurrieren – etwas schneller, besser etc. als andere zu können und das auch zu beweisen?
- War die Aufgabe, die Situation selbst so beschaffen, dass Sie sie als sinngebend empfunden haben, dass Sie Ihren Werten entsprach und die Identifikation mit der Aufgabe Sie motiviert hat?
- Spielte Ihre Neugier eine Rolle – war es spannend, etwas Neues zu lernen, zu erfahren, auszuprobieren?
- War es die Tatsache, dass Sie diese spezielle Situation allein bewältigen konnten, alles unter Ihrer Kontrolle und Regie lief, Sie selbstbestimmt, im eigenen Rhythmus arbeiten konnten, allein die Verantwortung übernahmen?
- Oder war es gegenteilig ein Anreiz, dass Sie nicht alleine standen, sondern gemeinsam mit anderen, im Team, arbeiten konnten, die Unterstützung anderer hatten?
- War es vielleicht eine Situation, in der Sie etwas beweisen mussten – sich selbst oder anderen?
- Haben Sie sich an einem inspirierenden Vorbild orientiert und versucht, diesem nachzueifern?

Ergänzen Sie die Liste gegebenenfalls und suchen Sie Ihre stärksten Motivatoren heraus – setzen Sie sie bewusst ein, nutzen Sie sie, um Ihre Wünsche und Visionen Realität werden zu lassen!

Wie motiviere ich mich dauerhaft?

Was kann ich außerdem tun (oder vermeiden), um meine Motivation dauerhaft möglichst hoch zu halten? Nach Sprenger gehören dazu

1. Commitment leben – d.h. Eigenverantwortung für sein Leben zu übernehmen statt sich als Opfer zu fühlen, über Unangenehmes nicht länger jammern, sondern es verändern oder hinter sich lassen: „Love it, change it or leave it“ ist das Motto („Liebe es, verändere es oder verlasse es“). Überprüfen Sie Ihr Leben daraufhin: Wo leben Sie fremdbestimmt, lassen sich von anderen Regeln und Grenzen setzen – und beklagen sich darüber? Was können Sie ändern, selbst in die Hand nehmen? Was wollen Sie in Zukunft nicht mehr, was streichen Sie aus Ihrem Leben? Wofür entscheiden Sie sich stattdessen, was akzeptieren Sie für Ihr Leben – und zwar mit allen Konsequenzen?
2. Eigene Stärken zu erkennen und zu nutzen. Motto: „Was wir gern tun, ist das, was wir gut tun.“ Ein realistisches Selbstkonzept zu entwickeln, zu wissen, was man kann und was (noch) nicht, Stärken auszuspielen, aber auch Probleme als Chancen zur Weiterentwicklung zu sehen – das motiviert: Fortschritt statt Stillstand.
3. „Spielfelder“ wie das berufliche Umfeld den persönlichen Stärken entsprechend zu wählen: Spielen Sie keine Rolle, die Ihnen nicht liegt. Es ist typisch für erfolgreiche Menschen, dass sie (manchmal erst nach einer Phase des Ausprobierens) den Tätigkeitsbereich gefunden haben, der ihren Interessen und Begabungen entspricht – und in dem man dann wirklich etwas leisten kann.

Demotivation überwinden

Und was kann man tun, um Phasen der Demotivation zu überwinden (denn vermeiden kann man sie nicht...)? Auch einmal „schlecht drauf zu sein, genervt, müde, gereizt – das gehört dazu. Gönnen Sie sich Erholung, tun Sie etwas, das Ihnen Spaß macht, Abwechslung bringt.

Machen Sie sich klar, dass Erfolg nie über Nacht kommt, Durststrecken muss man aushalten, sie gehen wieder vorbei. Versuchen Sie aber auch, gewissermaßen vorbeugend, demotivierende Faktoren auszuschalten – äußere und innere.

- Sätze wie „Das schaffst du doch sowieso nicht!“, „Das hat doch eh keinen Sinn.“ sind uns allen bekannt und ihre Wirkung auf unsere Motivation, unseren Elan ist die gleiche wie die der Stecknadel auf den Luftballon.

  Menschen, die Ihnen mit solchen Phrasen kommen, diese sich als „Realisten“ tarnenden „Negaholiker“ (man will Sie ja selbstverständlich nur vor Enttäuschungen bewahren) können ein echtes Problem werden, wenn Sie sich von ihnen „infizieren“ lassen und diese Phrasen übernehmen. Entwickeln Sie Strategien, um mit grundsätzlich negativ eingestellten Menschen umzugehen.

  Setzen Sie deutliche Grenzen, verlangen Sie Respekt für Ihre (Lebens-) Pläne, verbitten Sie sich dauerndes Genörgel und destruktive Bemerkungen – und schränken Sie, wenn es nicht anders geht, den Kontakt ein oder brechen ihn sogar ab. Das klingt hart, aber: „wenn andere immer nur an Ihnen herumkritisieren, alles mies machen und Sie entmutigen – warum wollen Sie mit solchen Menschen Ihre kostbare (Lebens-) Zeit verschwenden? Suchen Sie sich statt dessen „Unterstützer“, umgeben Sie sich mit Menschen, die in Problemen Chancen sehen – und nicht umgekehrt in Chancen Probleme.

- Stärken Sie Ihr Selbstvertrauen, Ermutigen Sie sich immer wieder neu.
  - Lesen Sie z.B. Biographien, Geschichten von Menschen, die entgegen allen Widrigkeiten ihre Ziele erreicht haben.
  - Formulieren Sie „Durchhalteparolen“ auf Klebezetteln, die Sie überall dort hinkleben, wo Sie sie täglich sehen und durch das ständige Lesen verinnerlichen.
  - Ziehen Sie abends Bilanz: Was hat heute alles gut geklappt, wo waren Sie erfolgreich. Führen Sie ein „Erfolgstagebuch“, in dem Sie Ihre Erfolge, alle erreichten (Teil-)Ziele aufführen.
- Halten Sie an Ihren Wünschen und Visionen fest – lassen Sie „Filme“ vor Ihrem geistigen Auge ablaufen: Wie wird es sein, wenn ich mein Ziel erreicht habe?

1.2 Ziele setzen – Entscheidungen treffen

„Wer nicht weiß, wohin er will, dem ist kein Wind recht."
Wilhelm von Oranien

Wünsche und Visionen müssen ausgearbeitet und als Ziele formuliert werden – vom „Was möchte ich?" zum „Ich will!". Erst verbindlich formulierte Ziele setzen ein dem entsprechendes Verhalten in Gang.

Lebensziele

Aufbauend auf Ihren Wünschen und Visionen formulieren Sie also Ihre Ziele. Beginnen Sie mit dem „Grobziel": Was soll Ihr grundlegendes Ziel im Leben sein? Ein Ziel, für dessen Erreichung Sie andere Dinge bereitwillig zurückstellen würden, ein Ziel, dessen Nicht-Erreichung Sie dauerhaft unzufrieden machen würde?

Übung

Lebensziele

Die meisten Lebensziele lassen sich in 12 Begriffen zusammenfassen und beschreiben. Lesen Sie zunächst **alle** Ziele und Definitionen durch und ergänzen Sie gegebenenfalls die Definitionen. Wichtig: Es geht um **Ziele**, nicht um das, was Sie bereits geschafft haben.

1. Überlegen Sie, welches Ziel Ihnen am wichtigsten ist und geben Sie ihm Rang 1. Sein Erreichen würde Sie am zufriedensten machen, sein Nicht-Erreichen am unzufriedensten. Um dieses Ziel zu erreichen, wären Sie bereit, anderes zumindest vorübergehend zurückzustellen.
2. Dem unwichtigsten Ziel geben Sie Rang 12.
3. Wählen Sie dann ein Lebensziel von mittlerer Bedeutung und geben Sie ihm den Rang 6.
4. Ordnen Sie danach den Rest ein.
5. Markieren Sie Ihre drei wichtigsten Ziele.

Lebensziel	Priorität
Führung: Eine einflussreiche Führungsrolle erlangen, Ziele mit anderen erreichen.	
Fachwissen: Auf einem Fachgebiet eine Autorität werden. Vollkommenheit erreichen.	
Prestige: Bekannt werden. Anerkennung, Auszeichnungen oder hohen sozialen Status erlangen.	
Dienst: Zu Zufriedenheit und Wohlergehen anderer beitragen. Denen helfen, die Hilfe brauchen.	
Vermögenserwerb/Komfort: Viel Geld verdienen. Größtmögliches materielles Wohlbefinden für sich selbst und die Familie erreichen.	
Unabhängigkeit: Die Möglichkeit haben, frei zu denken und zu handeln, sein eigener Herr zu sein.	
Zuneigung: Ein glückliches Familienleben entwickeln, Geselligkeit, Freundschaft, Wärme erlangen und austauschen innerhalb der engeren Familie, mit Freunden, am Arbeitsplatz.	
Sicherheit: Eine sichere und beständige Stellung in beruflicher und finanzieller Hinsicht erlangen.	
Persönliches Wachstum: Die bestmögliche persönliche Entfaltung erreichen. Die eigenen latenten schöpferischen Fähigkeiten voll verwirklichen.	
Idealismus: Sich sozialen und/oder politischen und/oder religiösen Werten verschreiben: Das Leben mit diesen Werten in Übereinstimmung bringen. Verantwortung für das Realisieren dieser Werte übernehmen.	
Vergnügen: Das Leben genießen, glücklich sein und sich vergnügen.	
Gesundheit: Körperliches, seelisches und soziales Wohlbefinden behalten oder erlangen.	

(nach der 4. Übung der European Research Group on Management von B.M. Bass, Kessel-Lo, 1981)

Vorstehende Übung hilft Ihnen, die Kategorien zu ermitteln, denen Ihre Ziele zuzurechnen sind. Die Ausformulierung Ihrer konkreten Ziele müssen Sie natürlich individuell vornehmen, dazu folgende Hinweise.

Einige Hinweise zu Grobzielen

Ihre Ziele müssen authentisch sein, von Ihnen und nur von Ihnen bestimmt und ausgewählt. Wenn Sie sich bemühen, Ziele zu erreichen, die Ihnen von anderen (Eltern, Partner) gesetzt wurden oder die als allgemein erstrebenswert gelten, die aber nicht wirklich von Ihnen bejaht und gewollt werden, verschwenden Sie Ihre Lebens-Zeit und Lebens-Energie.
Ihre Ziele müssen also auf Ihren Wünschen, Ihren Visionen, Ihren Werten aufbauen. Behandeln Sie daher die 12 Lebensziele in der Übung als gleichwertige Optionen und nicht als moralisch höher- oder minderwertig. Egal, welches Ziel Sie verfolgen: es muss Sie zufrieden und glücklich machen.
Manchmal blockieren wir uns selbst auf dem Weg zum Ziel: Wir möchten es erreichen, haben aber gleichzeitig Angst vor den Konsequenzen, die dies mit sich bringen könnte, zweifeln vielleicht auch an unseren Fähigkeiten oder gar an der Berechtigung, das Ziel erreichen zu dürfen. In Seminaren habe ich beispielsweise erlebt, dass Frauen das Ziel „Selbstverwirklichung“ mit höchster Priorität sahen – sich aber nicht trauten, es tatsächlich zu leben: „Ich muss doch in erster Linie für meine Familie da sein, ich darf nicht egoistisch sein.“ Sind solche Ängste berechtigt? Überlegen Sie: Was würde die tatsächliche Ziel-Erreichung verändern – Lebensstil, Selbstverständnis, Selbstbewusstsein, Akzeptanz bei Freunden, Zuneigung in der Familie? Würde man sich wirklich unbeliebt machen, als zu ehrgeizig, vergnügungssüchtig, abgehoben etc. gelten?
Nehmen Sie sich die Zeit, darüber nachzudenken – vielleicht stellen Sie fest, dass gerade solche Ängste Sie bisher daran gehindert haben, Ihr Ziel offen zu benennen, es nachdrücklich und konsequent zu verfolgen. Sie müssen Ihr Ziel wirklich erreichen wollen und fest davon überzeugt sein, es auch errei-

chen zu können. Sie müssen an sich und Ihren Erfolg glauben – erst dann wird er wahrscheinlich.
Und mal ganz ehrlich – wenn Sie Ihr gewünschtes Lebensziel nicht verfolgen, aus Angst, sich dadurch vielleicht unbeliebt zu machen, unbequem für andere zu werden: Wäre es da nicht an der Zeit, statt Ihrer Wünsche mal eher Ihren Bekanntenkreis, Ihre Freundschaften auf den Prüfstand zu stellen und gegebenenfalls zu verändern? Was bringen Ihnen Beziehungen, die Sie bremsen und behindern statt fördern und voranbringen?
Sprechen Sie diese Ängste auf jeden Fall in Ihrem Umfeld an – vielleicht ist den anderen ihr Verhalten gar nicht bewusst.
Und zum Schluss: Sehen Sie Ihre Ziele nicht statisch, sondern überprüfen Sie sie regelmäßig.

Prüfen Sie in einem Jahr, ob (und wenn ja, wie weit) Sie Ihren Zielen näher gekommen sind – oder ob Ihre Ziele sich in ihren Prioritäten verschoben haben.

„Fein-Ziele"

Wenn Sie das „Grob-Ziel", also Ihre primären Lebensziele klar gestellt haben, setzen Sie Ihre „Fein-Ziele" – Was müssen Sie tun, um diese Lebensziele zu erreichen?
Wenn Sie z.B. als oberstes Lebensziel „Gesundheit" definiert haben – wie geht es dann jetzt weiter? Was können und müssen Sie tun, um gesünder zu leben, Ihr körperliches und seelisches Wohlbefinden zu erhöhen? Was nehmen Sie sich als Erstes vor?

Definieren Sie Ihre Ziele – aber richtig

- Ziele müssen für Sie persönlich verlockend sein – Ihnen persönlichen Nutzen bringen, Sie reizen und herausfordern, sie zu erreichen. Keine Angst vor zu „großen Brocken" – bei weit reichenden Zielen setzen Sie sich Zwischenziele.
- Ziele müssen erreichbar sein, d.h. Sie selbst müssen es in der Hand haben, sie zu verwirklichen. Fehlen Wille oder Kompetenzen oder sind die Gegebenheiten so, dass Sie dieses Ziel nicht erreichen dürfen, dann wird es nichts.

- Formulieren Sie positiv statt negativ: Sagen Sie sich z.B.: „Ich will mich mehr bewegen!“ und nicht „Ich darf nicht mehr so faul sein.“
- Stellen Sie keine Vergleiche an („Ich möchte so fit sein wie Herr/Frau XYZ“). Vergleichen nach oben macht unzufrieden („So etwas schaffe ich bestimmt nie!“) , nach unten träge („Na ja, so gut bin ich längst, da brauche ich mich nicht anzustrengen.“).
- Beschreiben Sie Ihre Ziele genau: „Ich will mich gesünder ernähren, mehr Gemüse und Obst essen. Ich werde darauf achten, ausreichend zu schlafen, x Std. pro Nacht.“
- Machen Sie Ihre Ziele messbar – um damit die Zielerreichung überprüfen zu können. „In den nächsten vier Wochen möchte ich zwei Kilo abnehmen.“
- Terminieren Sie Ihre Ziele: Wann beginnen Sie womit, bis wann wollen Sie welche (Teil-)Ziele erreicht haben? Der Sport bietet gute Beispiele:„Ich will pro Woche 3x bis 4x Ausdauertraining betreiben – in der 1. Woche 15 Min.pro Trainingseinheit,dann pro Woche Steigerung um 5 Min. Nach vier Wochen will ich 30 Min. pro Einheit schaffen.“
- Bleiben Sie unbedingt realistisch! Das Ziel, 20 Kilo in vier Wochen abzunehmen, sich gleichzeitig das Rauchen abzugewöhnen und jeden Tag mehrere Stunden Sport zu treiben, ist nicht realistisch… Erfolgreiche Menschen zeichnen sich dadurch aus, dass sie zwischen erreichbaren und unerreichbaren Zielen unterscheiden können.

Strategieplanung

„Nicht: es muss etwas geschehen,
sondern: Ich muss etwas tun.“
Hans Scholl

Ziele setzen ist wichtig, reicht aber allein natürlich nicht aus. Erfolgreiche Menschen sind die, die sich Ziele setzen, daran glauben und geeignete, ausführbare Strategien zur Verwirklichung entwickeln. Einfach nur etwas wollen und darauf warten, dass es passiert, klappt nicht. Das gilt schon für den persönlichen Bereich: Fast alle Menschen wünschen sich z.B. eine glückliche Partnerschaft – aber die Scheidungsstatistik zeigt, wie viele damit scheitern. Die Gründe sind vielfältig – man hatte nicht genug Zeit füreinander, hat zu wenig miteinander geredet, hat sich in verschiedene Richtungen entwickelt etc. Was hat man hingegen aktiv getan, um sein Ziel – die dauerhafte, glückliche Partnerschaft – zu erreichen? Und das gilt analog für alle anderen Bereiche, in denen Ihre Ziele liegen.

Damit Ihre Ziele nicht nur Wunschvorstellungen bleiben – überprüfen Sie, was Sie bereits getan haben und was Sie in Zukunft tun können:

- Was haben Sie bislang schon getan, um Ihren drei wichtigsten Lebenszielen näher zu kommen?
- Was davon können Sie intensivieren?
- Was haben Sie bisher getan, das die Zielerreichung eher behindert – oder sogar verhindert – hat?
- Mit welchen Konsequenzen müssen Sie rechnen, wenn Sie Ihre Ziele verwirklichen?
- Was nehmen Sie zur Erreichung der Ziele in Kauf?
- Wie wird Ihre Umwelt auf Veränderungen reagieren?
- Wo finden Sie Förderer, wo vermuten Sie „Verhinderer“?

Beobachten Sie Ihrer Meinung nach erfolgreiche Menschen: Welche Methoden, welche Vorgehen können Sie von ihnen lernen? Schauen Sie auch bei sich selbst: Wie haben Sie bisher Ihre Ziele erreicht, mit welchem Vorgehen, mit welcher, Ihnen vielleicht noch nicht bewussten, Handlungsstrategie?

Persönliche Erfolgsstrategien

Denken Sie einmal an Ihre bisherigen Erfolge, beruflich und privat – wie haben Sie es z.B. geschafft, Ihre Ausbildung abzuschließen, Prüfungen zu bestehen, einen Job zu finden? Wie sind Sie vorgegangen, um Freundschaften zu schließen, einen Lebenspartner zu finden, Hobbys zu erlernen, Ihre Wohnung schön einzurichten?

- Wie haben Sie Ihr Ziel gefunden? Haben Sie sich z.B. immer umfassend informiert, den Rat anderer (Familie, Freunde, Experten) eingeholt, sich Dinge bildlich vorgestellt?
- Wie haben Sie sich zum Durchhalten motiviert? Haben Sie z.B. immer wieder an das verlockende Ziel gedacht oder kleine Belohnungen fürs Durchhalten eingeplant?
- Wie sahen die einzelnen Schritte zum Erfolg aus? Wie haben Sie begonnen, wie ging es dann weiter? Haben Sie detailliert, vielleicht sogar schriftlich geplant oder eher improvisiert, haben Sie die Hilfe andere gesucht oder lieber alles allein durchgezogen, haben Sie langfristig geplant oder wollten Sie schnell Erfolge sehen?
- Wie sind Sie mit Durststrecken und Rückschlägen fertig geworden? Haben Sie sich z.B. Trost und Unterstützung bei anderen geholt, ausführlich analysiert, woran es lag, einfach unbeirrt weitergemacht?

Ziel einer solchen Selbstreflexion ist es, die positiven Möglichkeiten zu erkennen, die in einem selbst stecken. Überlegen Sie genau – mit hoher Wahscheinlichkeit gibt es ein bestimmtes Muster, das Sie verfolgen, wenn Sie erfolgreich sind.

Wenn Sie sich dieses Verhalten bewusst machen, können Sie es in Zukunft auch bewusst nutzen – vielleicht ergänzt durch Methoden, die Sie bei anderen beobachten und sich auch für sich selbst vorstellen können.

Entscheidungen richtig treffen

„Das Grundproblem des Lebens besteht darin, die richtige Wahl zu treffen.“
George Moore

Wenn Sie Ziele setzen, müssen Sie sich entscheiden. Bei der Übung „Lebensziele“ haben Sie dies gesehen. Es gibt Ziele, die sich widersprechen, miteinander konkurrieren – sie parallel zu verfolgen, geht nicht. Die Entscheidung für etwas ist immer

gleichzeitig eine Entscheidung gegen etwas . Sind Sie bereit, die Konsequenzen zu tragen – kennen Sie sie überhaupt?
Wir treffen tagtäglich Hunderte von Entscheidungen – meistens unbewusst, vor allem auf Grund von Erfahrungen und Prägungen. Das ist meistens auch völlig in Ordnung, wichtige Entscheidungen aber, die Ihr Leben dauerhaft prägen werden, sollten mit Ihren Werten, Bedürfnissen und Zielen übereinstimmen, bewusst getroffen werden.
Entscheidungen zu treffen, fällt uns vor allem dann schwer, wenn wir sie treffen müssen, d.h., wenn wir unter (Zeit-)Druck stehen, Stress haben, ängstlich oder erschöpft sind.

Versuchen Sie in solchen Situationen Abstand zu gewinnen, nicht zu grübeln und lieber „eine Nacht darüber zu schlafen".

Verschieben Sie die Entscheidung aber nicht zu lange, denn: Keine Entscheidung ist auch eine Entscheidung...

Techniken zur Entscheidungsfindung

Nutzen Sie systematische Techniken:

- Sammeln Sie schriftlich alle Informationen – vor allem bei Sachentscheidungen können Sie die Lage so besser einschätzen, eventuell neue Alternativen entdecken.
- Sammeln Sie (schriftlich!) neue Ideen und Lösungen – ohne „Schere im Kopf", d.h. bewerten Sie nicht sofort. Beteiligen Sie auch andere an der Suche. Im zweiten Schritt – mit etwas Abstand – bewerten und sortieren Sie Ihre Ideen.
- Formulieren Sie statt des zu lösenden Problems das dahinter liegende positive Ziel. So umgehen Sie Denkblockaden und motivieren sich neu.
- Listen Sie nicht nur das Für und Wider auf – entscheiden Sie sich auch zwischen den positiven Aspekten verschiedener Lösungen: Was ist attraktiver?
- Suchen Sie sich Vorbilder: Wie würde sich jemand, den Sie schätzen oder bewundern, wohl entscheiden? Versetzen Sie sich, so gut es geht, in diese Person.

- Stellen Sie sich vor, Sie hätten sich entschieden: Wie fühlen Sie sich jetzt, wie wird Ihr Leben dementsprechend in einigen Jahren aussehen? Was wäre anders – positiv wie negativ? Wie ginge es Ihnen? Stellen Sie es sich bildlich vor, malen Sie es sich in allen Einzelheiten aus!
- Werfen Sie eine Münze. Spätestens, wenn die Entscheidung „gefallen“ ist, und Sie nicht damit zufrieden sind, wissen Sie garantiert, was Sie wirklich wollen…

Methode der Entscheidung mit dem „inneren Team“

Manchmal ist es schwierig, den eigenen Standpunkt zu finden, um eine Entscheidung zu treffen – da scheinen „mehrere Seelen in unserer Brust“ zu wohnen, mehrere Stimmen zu sprechen. Hier greift die Methode, Ihre „inneren Stimmen“ hörbar zu machen. Zunächst ein Beispiel:

Beispiel

Sie überlegen beispielsweise, ob Sie sich auf ein Stellenangebot in der Zeitung bewerben sollen.
Da ist eine Stimme, die sagt: „Klingt wirklich interessant. Das ist eine tolle Chance für dich!“.
Eine andere Stimme aber gibt zu bedenken: „Und was ist, wenn die dich gar nicht wollen? Bist du überhaupt ausreichend qualifiziert? Denk bloß mal, wie enttäuscht du über eine Ablehnung sein wirst!“ Wieder eine andere Stimme warnt: „Du hast doch einen guten und vor allem sicheren Job, willst du das wirklich aufs Spiel setzen?“
Eine vierte Stimme fordert energisch: „Tu endlich was – du bist schon lange nicht mehr zufrieden in deinem Job. Wer nicht wagt, der nicht gewinnt!“

Mit dieser „inneren Pluralität“ hat sich der Psychologieprofessor und Kommunikationstrainer Friedemann Schulz von Thun beschäftigt und die Theorie vom „inneren Team“ entwickelt. Die Hauptthese zu diesen oft kontroversen inneren Stimmen:

> Erst, wenn wir eine „innere Stimmigkeit“ hergestellt haben, das innere, vielleicht zerstrittene Team ausgiebig angehört und dann „auf Linie“ gebracht haben, erst dann ist unsere Kommunikation auch nach außen stimmig.

Solange ich nicht wirklich weiß, was ich will, solange kann ich es nicht überzeugend nach außen vertreten – bin ich nicht überzeugt, kann ich andere nicht überzeugen.

Das „innere Team“ ist allgegenwärtig, es tritt nach Schulz von Thun zusammen z.B.

- bei existenziellen Fragen: Was will ich wirklich von meinem Leben, was macht für mich Sinn?
- bei (Grundsatz-)Entscheidungen, die meine Lebensplanung betreffen: Heiraten, zusammenleben – ja oder nein? Kinder oder Karriere – oder beides?
- bei Aufgaben, die wir zu erledigen haben, beruflich wie privat: Wie geht man da am besten vor? Wie schnell muss es erledigt sein? Ist das so überhaupt richtig?
- bei besonderen Ereignissen, besonderen Fragen, wo wir Position beziehen sollen: Wie finde ich das? Wie soll ich argumentieren?
- in Alltagssituationen jeglicher Art: Wie soll ich reagieren? Bin ich erfreut oder eher genervt?

Uneinigkeit, Zerstrittenheit des „inneren Teams“ kann zur Lähmung führen, notwendige Entscheidungen werden nicht getroffen, vertagt, „ausgesessen“ – oder nur halbherzig durchgeführt. (Sie schieben die Bewerbung so lange auf, bis es keinen Sinn mehr macht, sie noch abzuschicken. Oder: Sie geben sich nicht genug Mühe, schicken eine auf die Schnelle zusammengestellte Standardmappe weg.) Scheitern ist vorprogrammiert.

Wie formen Sie aus dem misstönenden Chor der „inneren Stimmen“ etwas „Stimmiges“?

Es ist ein Vorgehen analog zur Zusammenstellung eines „richtigen“ Teams: Stellen Sie sich vor, Sie übernehmen in Ihrem Job ein Projekt als Leiter/in. Als Erstes stellen Sie ein Team zusammen, dessen einzelne Mitglieder unterschiedliche Kompetenzen, Talente, Eigenschaften, Vorlieben etc. besitzen. Sie müssen nun aus diesen Menschen ein echtes Team bilden, das ein gemeinsames Ziel verfolgt, Konflikte, die auftreten, bearbeiten, dafür sorgen, dass alle Potenziale genutzt werden, dass die Zusammenarbeit Ergebnisse bringt etc. Genauso sollte die „innere Führung“ funktionieren: aus diesen manchmal nervenden, weil uneinigen „inneren Stimmen“ ein Team formen.

Fortführung des Beispiels

Wie wenden Sie die Methode des inneren Teams bei der Frage an, ob Sie sich bewerben sollen oder nicht? Benennen Sie als Erstes Ihre „inneren Stimmen“:
Da ist der „Begeisterungsfähige“: „Interessant! Tolle Chance!“.
Da ist aber auch ein „Bedenkenträger“: „Und wenn die dich nicht wollen? Bist du gut genug? Diese Enttäuschung, wenn nicht!“
Der „Vorsichtige“: „Einen sicheren Job aufs Spiel setzen?“
Dem widerspricht der „Macher“, der „Risikofreudige“: „Tu was! Wer wagt, gewinnt!“
Jetzt muss das „Oberhaupt“ eingreifen und sich mit den einzelnen Stimmen auseinander setzen. Wie sind die geäußerten Bedenken zu bewerten: Besitzt man die in der Anzeige geforderten Qualifikationen, traut man sich den Job zu? Was ist mit dem „Vorsichtigen“ und dem „Risikofreudigen“ – kann man die beiden zur Einigung bringen? Wie laut meldet sich der „Begeisterungsfähige“, kann er die anderen überzeugen?
Eine mögliche Einigung könnte so aussehen, dass Sie sich sagen: „Gut, nach eingehender Prüfung bin ich der Überzeugung, dass ich die nötigen Qualifikationen habe. Ich werde mich bewerben, denn es klingt so interessant, dass ich mich ärgern würde, wenn ich es nicht probiere – die Bewerbung geht morgen raus. Ich werde mich aber auf jeden Fall noch hinsetzen und genau festlegen, was ich von einem Job erwarte, um sicherzugehen, dass ich nicht etwas Gutes für etwas Schlechteres aufgebe. Wenn ich tatsächlich zu einem Gespräch eingeladen werde, habe ich die Möglichkeit, diese Punkte zu klären und mich dem entsprechend zu entscheiden. Wenn ich abgelehnt werde, ist es keine Katastrophe – ich habe ja einen Arbeitsplatz.“

Immer dann, wenn wichtige Entscheidungen anstehen oder wenn Sie eine Entscheidung schon getroffen, aber ein schlechtes Gefühl dabei haben, ist es sinnvoll, eine Konferenz des „inneren Teams“ einzuberufen, den einzelnen Stimmen gut zuzuhören, sie zu benennen und eine (Kompromiss-)Lösung zu suchen, die möglichst viele „Teammitglieder“ zufrieden stellt. Diese „innere Klärung“ ist die Voraussetzung für „innere Stimmigkeit“ – und „innere Stimmigkeit“ ist nötig für authentische Entscheidungen und authentische Kommunikation.

Auf den Punkt gebracht:

- Entwickeln Sie Wünsche und Visionen für Ihr Leben – als Grundlage der Motivation.
- Erkennen Sie Ihre persönlichen „Motivatoren“ und nutzen Sie individuelle Strategien, um Phasen der Demotivation zu bewältigen.
- Formulieren Sie entsprechend Ihren Wünschen und Visionen Ihre Ziele: Lebensziele als „Grobziele“ und „Feinziele“, die die daraus folgenden Aufgaben beschreiben.
- Entwickeln und nutzen Sie bewusst persönliche Erfolgsstrategien, um Ihre Ziele zu erreichen.
- Treffen Sie notwendige Entscheidungen – mit Kopf und Bauch und mit Ihrem „inneren Team“ – und akzeptieren Sie die Konsequenzen.

2 R wie Reflexion und Realismus

2.1 Reflexion – Wer bin ich?

„Ich bin diesen Weg gegangen, ich bin jenen Weg gegangen, dann bin ich meinen Weg gegangen."
Chinesische Weisheit
„I did it my way."
Frank Sinatra

„Seien Sie einfach, wie Sie sind!" „Sei ganz du selbst!"
Ratschläge wie diese kennt jeder. Leichter gesagt als getan – wer bin ich denn? „Erkenne dich selbst", das wurde schon im antiken Griechenland gefordert, es stand auf dem Portal des Apollontempel in Delphi.
Wer bin ich also? Wo liegen meine Stärken und Schwächen? Welche Talente habe ich – nutze ich sie auch? Welche Wertvorstellungen habe ich – sind sie mir bewusst?
...und warum soll ich über all das überhaupt nachdenken?

Reflektiere und erkenne ich mich selbst, nehme ich mir die Zeit, über mich nachzudenken, weiche ich unangenehmen Fragen (Lebe ich wirklich so, wie ich will? Lebe ich meinen Fähigkeiten entsprechend? etc.) nicht mehr aus, trägt das den Lohn in sich:
Ich erkenne, wer ich bin, was mich ausmacht, den Kern meines eigenen Wesens. Ich weiß, was ich will und was ich kann (und was nicht). Ich kann mich dem entsprechend gezielt weiterentwickeln, mir das entsprechende private und berufliche Umfeld schaffen – meinen eigenen, selbst gewählten Weg gehen.
Und: Ich kann mir diesen Weg um einiges angenehmer gestalten, ich kann dafür sorgen, dass es eine schöne Reise wird – indem ich mein „Reisegepäck" entsprechend zusammenstelle:

- Was muss ich unbedingt mitnehmen – was brauche ich, um mein Ziel zu erreichen? Anders gesagt: Welche meiner Stärken (Eigenschaften, Fähig- und Fertigkeiten) haben mir bisher genutzt, will ich weiterhin nutzen?
- Ist da etwas in meinem Gepäck, das ich wieder auspacken und zurücklassen sollte – etwas, das ich ja für mein Ziel, meinen Weg gar nicht brauche, Ballast, der mich unnötig belasten würde? Welche meiner Schwächen könnte mich auf meinem Weg behindern – wo muss ich z.B. mein Verhalten ändern, um ans Ziel zu gelangen?
- Brauche ich vielleicht stattdessen noch etwas Neues für mein Reisegepäck – muss ich noch etwas erwerben, das ich für mein Ziel dringend benötige? Woher bekomme ich es? Was muss ich noch wissen, was will ich lernen?

Stärken und Schwächen erkennen

„Wer einmal sich selbst gefunden hat,
kann nichts auf dieser Welt mehr verlieren."
Stefan Zweig

Ein realistisches Selbstbild zu entwickeln, sich selbst mit allen Stärken und Schwächen einschätzen zu können, ist wichtig: Wir brauchen dieses Selbst-Bewusstsein, um Selbst-Vertrauen und ein solides Selbst-Wertgefühl aufbauen zu können. Es ist aber auch für mein Auftreten vor anderen, meine Selbst-Präsentation von Bedeutung: Ich kann andere besser von mir überzeugen, wenn ich selbst überzeugt bin, man wird mich eher akzeptieren, wenn ich mich selbst akzeptiere. Denken Sie an Situationen wie Vorstellungs-, Verkaufs-, Verhandlungsgespräche: Jemand, der weiß, was er kann, der davon überzeugt ist, was er Ihnen erzählt, der selbstbewusst ist, ohne überheblich zu wirken – derjenige ist einfach erfolgreicher.
Das Bild, das wir von uns selbst haben, unser Selbstkonzept, entspricht aber nicht immer der tatsächlichen Persönlichkeit, die wir sind – es ist gar nicht so einfach, sich selbst ehrlich und realistisch einzuschätzen.

Ideal ist es, wenn unser Selbstbild und das Fremdbild, also das Bild, dass andere von uns haben, weit gehend deckungsgleich sind.

Beziehen Sie also das Bild (bzw. die Bilder) mit ein, das andere von Ihnen haben, ergänzen Sie Ihr Selbstbild durch Ihr Fremdbild: Fragen Sie Menschen, die Sie gut kennen – wie sehen diese Sie?

Wenn es Unterschiede zwischen Ihrer Selbstwahrnehmung und der Fremdwahrnehmung Ihrer Person gibt, überlegen Sie, woher diese kommen:

- Schätzen Sie vielleicht bestimmte Eigenschaften oder Fähigkeiten deutlich positiver ein, als andere dies tun?
- Oder sehen Sie sich im Gegenteil manchmal überkritisch?
- Trauen Sie sich nicht, Ihre Stärken zu benennen – z.B. aus falsch verstandener Bescheidenheit heraus?

Versuchen Sie zunächst einmal, mehr über Ihre Stärken herauszufinden – um sie künftig noch mehr zu nutzen, um sie weiter auszubauen. Beantworten Sie sich die Fragen in der folgenden Checkliste!

Checkliste: Ihre Stärken

- Was kann ich richtig gut?
- Was schätzen andere Menschen besonders an mir? (Wenn Sie sich nicht sicher sind – fragen Sie geeignete Personen!)
- Wofür hat man mich schon gelobt?
- In welchen Bereichen fragt man mich um Hilfe, bittet um meinen Rat?
- Was kann ich besser als andere?
- Worauf bin ich stolz?
- Was mag ich an mir besonders?

Immer nur bescheiden sein bringt nicht weiter. Sie kennen bestimmt den Poesiealbumspruch, in dem das „bescheidene“ Veilchen zu seinem Vorteil mit der „stolzen“ Rose verglichen wird. Wie sieht es denn im wirklichen Leben aus? Das Veilchen blüht tapfer im Schatten vor sich hin und kaum jemand merkt es. Die Rose dagegen ist die beliebteste aller Blumen...
Legen Sie also eine allzu große Bescheidenheit ab! Übrigens: Wenn man Sie lobt, Ihnen Komplimente macht: Nehmen Sie sie an, glauben Sie sie und freuen Sie sich darüber! Zweifeln Sie nicht an der ehrlichen Absicht des Lobenden („Der will sich ja nur einschmeicheln...“). Anerkennung ist kostbar und tut gut. Apropos: Wann haben Sie das letzte Mal jemanden gelobt?

Zur realistischen Selbstreflexion gehört natürlich auch, sich über seine Schwächen Gedanken zu machen, aber: auf eine konstruktive Weise. Machen Sie sich nicht fertig, weil Sie einen Fehler gemacht, an einer Aufgabe gescheitert sind, sich nicht so verhalten haben, wie Sie es vorhatten. Erkennen Sie stattdessen Ihre persönlichen „Schwachstellen“ (die in der Regel Übertreibungen von Stärken sind!) und sehen Sie sie als etwas, woran man arbeiten kann – vorausgesetzt, Sie wollen es wirklich. Fragen Sie sich:

Checkliste: Ihr Verbesserungspotenzial

- Wo kann ich (noch) besser werden?
- Welche meiner Eigenschaften, Fähig- oder Fertigkeiten wünsche ich mir stärker ausgeprägt?
- Welche meiner Eigenschaften und Verhaltensweisen wünsche ich mir schwächer ausgeprägt?
- Was ist (bisher) so gar nicht mein Ding, wäre aber für die Erreichung meiner Ziele wichtig?

Persönlichkeitsmodelle – Das „Big-Five"-Konzept

Für alle, die sich selbst besser kennen lernen und einschätzen möchten (und sich dabei nicht auf Sternzeichen verlassen wollen), gibt es verschiedene Persönlichkeitsmodelle und Tests zur Selbsteinschätzung (vgl. Schimmel-Schloo, Martina u.a., 2002).

Eines der bekanntesten und mittlerweile sehr weit verbreiteten Persönlichkeitsmodelle ist das sog. „Big-Five"-Konzept, das in den USA seit Jahren als Standard-Modell zur Persönlichkeitsanalyse gilt.

Die Entwicklung dieses Modells begann bereits 1936, als die Forscher Allport und Odbert forderten, Begriffsgruppen für die in der psychologischen Fachwelt verwandten knapp 4.500 persönlichkeitsbeschreibenden Adjektive zu entwickeln. Forscher wie Cattel, Fiske und schließlich Tupes und Christal erarbeiteten in den folgenden 2 Jahrzehnten Lösungen, die im Wesentlichen dem heutigen Big-Five-Modell entsprachen. Man stellte fest, dass bei Persönlichkeitsbeurteilungen immer wieder fünf Persönlichkeitsmerkmale genannt wurden – offenbar übergeordnete „Supereigenschaften". Auch später stattfindende Studien haben dies immer wieder bestätigt, es scheint so, als seien diese fünf Eigenschaften, die"Big Five", die Grunddimensionen, Hauptfaktoren unserer Persönlichkeit. Paul Costa und Robert McCrae schließlich entwickelten den NEO-PI-R-Test, der zum Standardmessverfahren des Big-Five-Modell wurde.
Genutzt werden kann das Big-Five-Modell zur Selbsteinschätzung, aber auch, um andere Menschen besser einschätzen und verstehen zu können – z.B. bei Konflikten, in Verhandlungen, in der Personalentwicklung etc.

Die fünf „Supereigenschaften“
– fünf Persönlichkeitsdimensionen –
werden mit fünf Buchstaben dargestellt:

- Faktor N steht für Neurotizismus. Er beschreibt die emotionale Labilität, die Belastbarkeit eines Menschen. Menschen mit einem hohen N-Wert sind sehr stressanfällig und sensibel, Menschen mit einem niedrigen Wert gelassen und stabil.

- Faktor E steht für Extraversion. Hier wird die Soziabilität eines Menschen erfasst. Menschen mit hohem E-Wert sind extravertiert und stehen gern im Mittelpunkt, Menschen mit einem niedrigen E-Wert sind introvertiert und ziehen sich am liebsten zurück.

- Faktor O beschreibt die Offenheit für neue Erfahrungen. Wer einen hohen O-Wert hat, ist neugierig, interessiert und bei allzu Bekanntem schnell gelangweilt. Je niedriger der O-Wert ist, umso eher mag derjenige dagegen Bekanntes und Vertrautes, zieht einen pragmatischen Stil einem visionären vor.

- Faktor V (auch: Faktor A) steht für Verträglichkeit (bzw. Anpassung). Menschen mit hohem V-Wert passen sich anderen leicht und gern an, Menschen mit einem niedrigen Wert haben einen stärkeren Durchsetzungs- und Behauptungswillen.

- Faktor G steht für Gewissenhaftigkeit. Menschen mit hohem G-Wert sind sehr zielorientiert und organisiert, Menschen mit niedrigem Wert spontan bis chaotisch.

Um sein individuelles Persönlichkeitsprofil zu finden, ordnet man sich selbst ein – wie niedrig, wie hoch ist ein bestimmter Wert ausgeprägt? Beispiel: Faktor E – liege ich niedrig (E–/eher introvertiert), ordne ich mich im Mittelfeld ein (E=/ambivertiert) oder sehe ich mich im hohen Bereich (E+/extravertiert)?

Die fünf Persönlichkeitsdimensionen

(nach Pierce J. und Jane Mitchell Howard, 2002)

Faktor N: Neurotizismus

- niedriger Wert (N-): belastbar. Sicher, stressresistent, ruhig, sorglos, beherrscht, angstfrei. Kann als zu entspannt, gleichgültig oder gefühllos wahrgenommen werden, nimmt evtl. kritische Situationen nicht ernst genug.
- mittlerer Wert (N=): besonnen. Normalerweise gefasst, ruhig. Kann unter Druck aber auch zu Reizbarkeit, Ängstlichkeit oder anderen Stressreaktionen tendieren. Braucht evtl. etwas Zeit zur Stressbewältigung.
- hoher Wert (N+): sensibel. Nervös, unsicher, besorgt, neigt zur Ängstlichkeit, Anspannung, Aufregung. Reagiert stärker auf Stress als andere, übernimmt evtl. Verantwortung für Probleme, die von anderen verursacht wurden. Braucht Zeit für Abreaktion und Beruhigung.

Faktor E: Extraversion

- niedriger Wert (E-): introvertiert. Zurückhaltend bis gehemmt, ruhig, ernst, manchmal skeptisch. Zieht indirekte der direkten Kommunikation vor, kann kühl und unnahbar („Einzelgänger") wirken. Arbeitet lieber allein und bevorzugt eine ruhige Arbeitsumgebung.
- mittlerer Wert (E=): ambivertiert. Braucht ein ausgewogenes Bedürfnis an Geselligkeit einerseits und Alleinsein andererseits – ein Zuviel der beiden Extreme wird als unbefriedigend erlebt.
- hoher Wert (E+): extravertiert. Gesellig, aktiv, gesprächig, herzlich, enthusiastisch, vertrauensvoll. Mag direkte Kom-

munikation (Besprechungen etc.), steht gern im Mittelpunkt, liebt Aufregungen. Kann als zu redselig, zu dominant empfunden werden.

Faktor O: Offenheit

- niedriger Wert (O-): bewahrend. Konservativ, pragmatisch, realistisch, manchmal dogmatisch, wenig Fantasie. Hat oft Experten-/Spezialwissen in einem Bereich, mag Routinearbeiten/Wiederholungen, bevorzugt traditionelle Methoden. Kann festgefahren, stur, engstirnig wirken.
- mittlerer Wert (O=): moderat. Realistisch, bei guten Gründen bereit, Neues auszuprobieren. Kann Ideen anderer weiterentwickeln, ist begrenzt kreativ und neugierig. Schätzt sowohl Innovation als auch Tradition, aber keines in extremer Ausprägung.
- hoher Wert (O+): erneuernd. Neugierig, interessiert, kreativ, fantasievoll, selbstbeobachtend, nachdenklich. Zukunftsorientiert, sucht neue Wege und Erfahrungen, arbeitet gern mit neuen Theorien und Konzepten, visionär. Kann als unpraktisch und schnell gelangweilt gelten.

Faktor V: Verträglichkeit (auch: Faktor A: Anpassung)

- niedriger Wert (V-): herausfordernd. Durchsetzungsfähig, hart, kontrolliert. Raue Umgangsformen, rivalisierend, aggressiv, misstrauisch, stolz bis arrogant. Unabhängige Denkweise. Kann feindselig, egozentrisch, unhöflich wirken, gilt als schlechter Teamplayer.
- mittlerer Wert (V=): vermittelnd. Kann leicht zwischen rivalisierendem und kooperativem Verhalten wechseln. Arbeitet selbstständig so gut wie im Team, kann aber unentschlossen wirken, weil er bei Gegensätzen Kompromisse anstrebt.
- hoher Wert (V+): anpassend. Nett, bescheiden, hilfsbereit, vertrauensvoll bis naiv, passiv, mitfühlend und warmherzig, tolerant. Sorgt für Harmonie im Team. Kann aber auch unterwürfig, konfliktscheu, zu nachgiebig wirken.

Faktor G: Gewissenhaftigkeit

- niedriger Wert (G-): flexibel. Spontan, spielerisch, lässig, improvisiert gern, arbeitet oft an mehreren Aufgaben parallel, Neigung zum Chaos. Kann unvorbereitet, unorganisiert und unzuverlässig wirken.
- mittlerer Wert (G=): ausbalanciert. Gute Work-Life-Balance, ist ehrgeiziger als der Flexible, aber stärker freizeitorientiert als der Fokussierte. Arbeitet zielorientiert, lässt aber auch Raum für Spontaneität.
- hoher Wert (G+): fokussiert. Ehrgeizig, diszipliniert, fleißig, zielorientiert. Konzentriert, sorgfältig, gut vorbereitet und organisiert, zuverlässig, pünktlich. Kann aber auch als penibel bis perfektionistisch, arbeitswütig, stur oder unflexibel wahrgenommen werden.

Wo ordnen Sie sich ein, wie stark oder wie schwach sind bestimmte Eigenschaften bei Ihnen ausgeprägt? (Die meisten Menschen liegen übrigens ungefähr im Mittelfeld zwischen den beiden Extremen.)

Was immer Sie herausgefunden haben, Sie sollten Ihre Persönlichkeit akzeptieren – auch die Anteile, die Ihnen vielleicht nicht gefallen, nicht günstig erscheinen – beispielsweise eine hohe Sensibilität und Stressanfälligkeit oder geringe Gewissenhaftigkeit, eine Neigung zum Chaos.

Ob Persönlichkeitseigenschaften im Erwachsenenalter überhaupt veränderbar sind, wird allgemein mit großer Skepsis betrachtet. Aus einem sensiblen, stressanfälligen Menschen wird wohl kein „Mr. Cool", aus einem sehr durchsetzungsstarken, aggressiven Einzelkämpfer kein „Mr. Sensible".

Psychologen gehen davon aus, dass die Grundzüge unserer Persönlichkeit ab dem Erwachsenenalter weit gehend stabil sind. Allerdings gibt es eine leichte Tendenz, wonach die Faktoren N, E und O mit zunehmendem Alter abnehmen können – wir werden emotional ein wenig stabiler, eher introvertierter und weniger offen für Neues, wenn wir älter werden. Der Faktor G, die Gewissenhaftigkeit, kann mit den Jahren ansteigen.

Wenn auch bestimmte Persönlichkeitszüge kaum zu verändern sind – die daraus resultierenden Verhaltensweisen dagegen sind es schon.

So kann z.B. ein stressanfälliger, sehr sensibler Mensch lernen, mit diesem Stress umzugehen: sich einen Ausgleich durch Entspannung und Bewegung schaffen, spezielle Bewältigungsstrategien erlernen. Jemand, der eher unorganisiert bis chaotisch arbeitet, braucht eine stärkere Struktur, z.B. durch Zeitmanagement, muss lernen, sich stärker zu konzentrieren oder weniger ablenken zu lassen. Selbstmanagement eben!
Wenn Sie sich als Persönlichkeit einschätzen können, sich Ihrer Stärken und Schwächen bewusst sind, überlegen Sie im nächsten Schritt, ob Ihre beruflichen und privaten Spielfelder entsprechend gewählt sind: Arbeiten Sie im passenden Beruf? Ist Ihr Privatleben auf Ihre Persönlichkeit abgestimmt?
Sind Sie zufrieden und glücklich mit Ihrem Leben – oder spüren Sie Unzufriedenheit, einen, wenn auch noch vagen, Veränderungsbedarf?

„Hartnäckige Übellaunigkeit ist ein allzu klares Symptom dafür, dass ein Mensch gegen seine Bestimmung lebt.“
José Ortega y Gasset

Begabungen und Bedürfnisse

Wer nicht kann, was er will, muss das wollen, was er kann. Denn das zu wollen, was er nicht kann, wäre töricht.“
Leonardo da Vinci

Wenn Sie tun, was Sie am besten können, werden Sie am leichtesten Erfolg haben. Was also können Sie besonders gut, wo liegen Ihre Talente? Passen Ihr Beruf und Ihre Fähigkeiten, Ihre Stärken zusammen? Spitzenleistungen bringen wir nur in Bereichen, in denen wir unsere Begabungen einbringen können. Howard u. Howard sehen je nach Ausprägung des persönlichen Big-Five-Profils verschiedene Berufs- und Karrieremöglichkeiten. So sollten Menschen, die einen Beruf ergreifen, der starke Nerven braucht (Pilot, Chirurg, Polizeibeamter etc.) möglichst über einen niedrigen N-Faktor verfügen. Jemand, der beruflich viel mit Menschen kommunizieren muss (Vertreter, Verkäufer, Manager etc.), sollte einen eher hohen E-Faktor besitzen. Menschen, die erfolgreich in kreativen Berufen arbeiten (Architekt, Designer etc.), haben (und brauchen) in der Regel einen hohen O-Faktor, Techniker, Datenverarbeitungsfachleute eher einen niedrigen.

2.2 Realistisch zum Erfolg – Optimismus versus Pessimismus

Optimismus – das „Prinzip Hoffnung"

„Für den Optimisten ist das Leben kein Problem, sondern bereits die Lösung."
Marcel Pagnol

Eine positive Grundeinstellung ist gut, da sind wir uns alle einig: Jemand, der immer und überall ein Haar in der Suppe findet, macht sich selbst das Leben schwer.
Optimisten zeichnen sich dadurch aus, dass sie auch angesichts großer Schwierigkeiten nicht in Mutlosigkeit verfallen, sie bleiben bei ihrer Erwartung, dass sich noch alles zum Besten fügen wird. Und selbst, wenn es dann nicht klappt: Auch Enttäuschungen erleben Optimisten auf eine besondere Weise: sie gehen davon aus, dass sie beim nächsten Mal etwas anders machen und so doch noch erfolgreich sein können. Optimismus motiviert zum Anfangen, Durchhalten, neu beginnen.

> Aber: Optimismus muss realistisch sein. Ansonsten kann nach einem durch Optimismus ausgelösten Höhenflug die Landung auf dem harten Boden der Tatsachen sehr schmerzhaft werden...

Das häufig propagierte positive Denken, nach dem man alles

schaffen kann, wenn nur die Grundeinstellung stimmt (also positiv genug ist...), ist überzogen. Ihr Wille, etwas zu schaffen, der optimistische Glaube, es auch schaffen zu können, ist der Anfang und der Schlüssel zu vielem, aber noch nicht die Garantie zum Erfolg.

Für den Erfolg ist (neben dem Wollen) die realistische Einschätzung Ihrer persönlichen Ressourcen – Wissen, Erfahrungen, Zeit, Geld etc. – und der äußeren Gegebenheiten sehr wichtig. Voraussehbare Schwierigkeiten zu vernachlässigen oder sie zu unterschätzen („Ach, das wird schon nicht so schlimm!") hilft nicht weiter.

Es gibt viele Situationen, in denen wir dazu neigen, unangenehme Informationen nicht wahrnehmen zu wollen: Die meisten von uns schätzen das Risiko, ernsthaft zu erkranken, einen Unfall zu erleiden, als gering ein – entgegen allen Statistiken. (Raucher halten es in der Regel für sehr unwahrscheinlich, an Lungenkrebs zu erkranken – man kennt außerdem sehr viele Menschen, die, obwohl sie immer geraucht haben, sehr alt geworden sind...)

Manchmal ist auch das Selbstbild eher optimistisch angelegt – man überschätzt bestimmte Eigenschaften oder Talente, gibt sich allzu positiven Illusionen hin. Das kann in seinen Auswirkungen harmlos sein (Haben Sie schon einmal bei einem Karaoke-Wettbewerb zugehört?), es kann aber auch Lebensentwürfe zum Scheitern bringen – der verhinderte Künstler, dessen Bücher/Gedichte/Bilder/Musikstücke etc. auf Grund mangelnder Qualität nirgendwo Anklang finden, der sich aber weigert, das zu erkennen, ist ein beliebtes Motiv in Romanen und Filmen.

> Kombinieren Sie also eine angemessen positive, optimistische Grundeinstellung mit dem nötigen Maß an Realismus.

Denken Sie ruhig so optimistisch wie möglich – aber bleiben Sie dabei so realistisch wie nötig.

Manchmal kann man da von Pessimisten etwas lernen...

Pessimismus – rechnen wir mit dem Schlimmsten

„Optimisten haben gar keine Ahnung von den freudigen Überraschungen, die Pessimisten erleben."
Peter Bamm

„Ein Pessimist ist ein Optimist, der nachgedacht hat."
Dan Benett

Sie haben Probleme mit dem optimistischen, dem „positiven" Denken, finden es unrealistisch? Für Sie ist das Glas halbleer und eben nicht halbvoll?
Auch mit einer bestimmten Art von pessimistischer Grundeinstellung können Sie durchaus erfolgreich sein – das geht aus den Forschungen der amerikanischen Psychologie-Professorin Julie K. Norem hervor (Norem, 2002): Sie spricht von der „positiven Kraft des negativen Denkens" und unterscheidet verschiedene Formen des Optimismus und Pessimismus. Während der „strategische Optimist" zu positiven Illusionen über sein Leben und sich selbst neigt (selektive Erinnerung an Positives, Unterschätzen von persönlichen Risiken, ausgeprägt positives Selbstbild etc.), rechnet der „defensive Pessimist" erst mal mit dem Schlimmsten.
Aber: Er lässt sich davon nicht lähmen, sondern braucht diese Vorstellung, was alles an Negativem passieren kann, um sich darauf vorzubereiten, geeignete Gegenstrategien zu planen. Der defensive Pessimist weicht also negativen Emotionen, Ängsten nicht aus („Mir wird schon nichts passieren."), sondern nähert sich ihnen, erträgt sie, um sie schließlich zu kontrollieren – nicht der schlechteste Weg, um Erfolg zu haben!
Bisher ging man davon aus – und für viele Menschen ist das auch richtig – dass eine positive Einstellung mit den entsprechenden Erwartungen und Gefühlen (auch wenn sie unrealistisch ist) ein positives Selbstbild schafft, motivationsfördernd und -verstärkend wirkt.
Defensive Pessimisten haben natürlich auch positive Gefühle, sehen sich selbst und bestimmte Situationen aber deutlich ne-

gativer als strategische Optimisten. Auch Erfahrungen werden anders verarbeitet – sowohl bei negativen wie auch bei positiven Ergebnissen werden komplexe Gründe gesucht und gefunden, die weder eindeutig positiv noch negativ sind. Defensive Pessimisten nutzen ihren Pessimismus also quasi als „Strategie": Indem sie sich bestimmte Anforderungssituationen mit all ihren Schwierigkeiten genau vorstellen und ausmalen, können sie die Anstrengungen, die eine solche Situation kosten wird, realistisch abschätzen und entsprechende Maßnahmen treffen.
Das Eingestehen von Unbehagen, von Ängsten, kann dazu führen, dass man von vorneherein Gegenmaßnahmen ergreift. Und genau das ist das Entscheidende am defensiven Pessimismus: Präventives Denken, das negative Denken vor einer Situation, hat seine Berechtigung, weil es dazu führt, dass man mit der Situation selbst besser fertig wird. Negatives Denken nach einer Situation, also fruchtloses Grübeln, warum etwas so und nicht anders gelaufen ist, ist dagegen unproduktiv.

Also: Wenn für Sie das Glas halbleer und nicht halbvoll ist, und Sie sich schon ausmalen, wie schnell es ganz leer sein wird und dass Sie dann aber immer noch durstig sind – dann können Sie entsprechende Gegenmaßnahmen ergreifen. Nachher zu jammern, dass Sie aber sooo durstig sind und nichts mehr zu trinken da ist – das ist fatal...

Auf den Punkt gebracht:

- Selbsterkenntnis ist wichtig: Erst, wenn ich weiß, wer ich bin, wie ich bin, meine Stärken und Schwächen erkenne, kann ich dieses Wissen nutzen und meinen „eigenen Weg“ finden, die meiner Persönlichkeit entsprechenden „Spielfelder“ nutzen.

- Es gibt verschiedene Persönlichkeitsmodelle, die mir bei einer Selbsteinschätzung helfen können.

- Um ein realistisches Bild von mir zu gewinnen, muss ich neben meinem Selbstbild auch das Bild einbeziehen, das andere von mir haben. Selbst- und Fremdbild sollten sich möglichst ähnlich sein.

- Persönlichkeitseigenschaften sind im Erwachsenenalter weit gehend stabil – die Verhaltensweisen, die sich aus dieser Persönlichkeitsstruktur ergeben, sind dagegen veränderbar.

- Realismus bringt uns weiter – bleiben Sie so optimistisch wie möglich, um Motivation zu fördern und aufrechtzuerhalten, denken Sie so pessimistisch wie nötig, um Schwierigkeiten vorauszusehen und Handlungsstrategien entwickeln zu können.

3 F wie Fehlschläge und Fantasie

3.1 Fehlschläge meistern

„Wenn wir keine Fehler machen, heißt das, dass wir nicht genug neue Dinge ausprobieren."
Phil Knight

Jeder von uns kennt Fehlschläge, Misserfolge, Pleiten und Pannen: Es klappt leider nicht immer so, wie wir es uns vorgestellt, wie wir es geplant haben..

Was geht in Ihrem Kopf ab, wenn Sie einen Fehlschlag erleben? Kennen Sie Gedanken wie die folgenden?
„Ich kann das eben nicht, das habe ich gleich gewusst."
„Es hat keinen Sinn – bei mir geht immer alles daneben."
„Ich lasse das jetzt bleiben, ich schaffe es ja sowieso nicht."
Falsch ist, aus einem Fehlschlag, einem Missgeschick, einem Rückschlag die totale Katastrophe zu machen. Sie sind dieses Mal gescheitert, das heißt aber nicht, dass es beim nächsten Mal wieder nicht klappt oder dass es überhaupt kein nächstes Mal mehr gibt. In der Regel haben wir mehr als nur eine Chance – nachdem es beim ersten Mal nicht geklappt hat, haben Sie jetzt Zeit, sich auf das zweite Mal vorzubereiten.
Und: Jede schwierige Situation, die Sie erlebt haben, bringt Ihnen Erfahrung und Wissen für die Zukunft – zumindest wissen Sie jetzt, was nicht funktioniert, was Sie beim nächsten Mal nicht mehr tun sollten.

Gehen Sie nach Pleiten, Pech, Pannen in 3 Schritten vor:
1. Verarbeiten Sie Ihren Fehlschlag.
2. Analysieren Sie das Problem.
3. Suchen Sie neue Lösungen.

Schritte im Einzelnen

Schritt 1 – persönliche Verarbeitung

„Du solltest, musst du Lehrgeld zahlen,
nicht knirschend mit den Zähnen mahlen:
Es ist doch das auf dieser Welt am besten angelegte Geld.“
Karl-Heinz Söhler

Irgend etwas hat Sie ins Straucheln gebracht, Sie sind hingefallen und fühlen sich wie am Boden zerstört. Sie fühlen sich als totaler Loser, machen sich Vorwürfe, es tut weh: Ihre Wünsche, Ihre Ziele – gescheitert!

Diese Phase der Enttäuschung ist normal – sie sollte nur nicht zu lang dauern und zu extrem werden. Sie haben zwei Möglichkeiten: Sie bleiben liegen, fühlen sich schrecklich und richten sich in der Verliererrolle („Die ganze Welt ist gegen mich“) ein oder Sie rappeln sich wieder auf und versuchen es erneut – nachdem Sie Ihre Frustration verarbeitet haben.

Was hilft Ihnen dabei? Für viele Menschen ist es wichtig, darüber zu reden: mit Freunden, Bekannten, Fachleuten. Überlegen Sie aber: Wollen Sie jetzt schon Ratschläge oder möchten Sie einfach „nur mal darüber reden“, brauchen Sie etwas Anteilnahme? Teilen Sie das Ihrem Gesprächspartner mit – wenn der nämlich davon ausgeht, dass Sie wissen wollen, wie Sie es beim nächsten Mal anders machen sollen, während Sie nur Trost suchen, werden Sie beide nach dem Gespräch frustriert sein: Sie denken: „Er/Sie versteht mich nicht!“ Ihr Gesprächspartner denkt: „Der/die will ja gar nichts ändern!“

Manchmal hilft es auch, den Fehlschlag kurzfristig zu verdrängen, sich erst mal mit etwas anderem zu beschäftigen, sich abzulenken und so wieder Kraft zu gewinnen. Dann können Sie – mit etwas Abstand – wieder daran gehen, das Scheitern und die Gründe dafür zu untersuchen.

Überprüfen Sie auch Ihre Gedanken, lassen Sie Ihre „negative Stimme“ einen Dialog mit Ihrer inneren positiven Stimme führen: Stellen Sie negative Aussagen in Zweifel: Stimmt das wirklich? Fragen Sie sich: Wie kann ich etwas ändern? Bauen Sie sich wieder auf, loben Sie sich.

„Ich kann das eben nicht, das habe ich gleich gewusst."

Kann ich es nicht oder kann ich es einfach noch nicht? Was muss ich lernen, damit es in Zukunft besser klappt? Wieso bin ich von vorneherein so mutlos? Trägt das vielleicht sogar zum Scheitern bei – wie eine selbsterfüllende Prophezeiung? Wie kann ich mir mehr Mut machen? Was kann ich eigentlich alles richtig gut, worauf bin ich stolz, was ist an mir Besonderes?

„Es hat keinen Sinn – bei mir geht immer alles daneben."

Geht wirklich alles daneben? Natürlich nicht, ich gucke mal genauer hin: Was hat denn in letzter Zeit geklappt, was nicht? Da gab es doch eine ganze Menge, worauf ich stolz sein kann, vieles, was gut war. Woran liegt es in diesem Fall, dass es nicht funktioniert hat – schlechtes Karma? Nicht wirklich... Vielleicht doch eher fehlende Informationen, mangelhafte Methodik etc.? Was kann ich denn mal anders machen?

„Ich lasse das jetzt bleiben, ich schaffe es ja sowieso nicht."

Wenn ich nichts mehr unternehme, dann schaffe ich es allerdings nicht! Ich bin einfach nur total frustriert. Wie werde ich jetzt mit meiner Frustration fertig, wie kann ich mich neu motivieren? Wie bin ich bisher mit Krisen fertig geworden, was habe ich gemacht? Wer könnte mir helfen?

Fragen Sie sich nicht mehr, ob Sie etwas schaffen können, sondern, wie Sie etwas schaffen können.

Schritt 2 – Problemanalyse

„Ratlosigkeit und Unzufriedenheit sind die ersten Vorbedingungen des Fortschritts."
Thomas Alva Edison

Um das Problem zu lösen, muss man es erst mal genauestens untersuchen – analysieren Sie also den Fehlschlag. (In diesem Sinne gibt es gar keine Misserfolge, sondern nur Situationen,

aus denen wir lernen können.) Die Gründe können vielfältig sein: Es lag vielleicht an Ihnen, vielleicht aber auch an den anderen, vielleicht waren es die Gegebenheiten, die nicht passten – vielleicht war es von allem ein wenig.
Schauen Sie genau hin:

- Wo genau, an welchem Punkt ist Ihr Vorhaben schief gelaufen?
- Warum lief es schief? Lag es an der Planung? Haben Sie etwas nicht gewusst oder vernachlässigt?
- Lag es an der Ausführung, der Methodik? Können Sie beim nächsten Mal anders vorgehen?
- Haben auch andere zum Scheitern beigetragen? Wurden Sie z.B. nicht ausreichend unterstützt, vielleicht sogar torpediert? Sie sollen hier nicht anderen „die Schuld in die Schuhe schieben“ oder die Verantwortung von sich weisen. Übernehmen Sie die Verantwortung für die Fehler, die Sie gemacht haben, aber überprüfen Sie auch, wie die anderen Beteiligten sich verhalten haben: Wo sitzen die „Verhinderer“ und „Blockierer“? Wie können Sie sich darauf vorbereiten und damit umgehen? Wo sind mögliche Verbündete?

Was wollen und müssen Sie also beim nächsten Mal anders machen? Wir alle machen Fehler – erfolgreiche Menschen machen aber nicht den gleichen immer wieder...
Eines jedenfalls ist klar: Es ist nicht Ihr (vorbestimmtes) Schicksal, zu scheitern. Wenn etwas schief geht, tragen wir in der Regel unseren Teil aktiv dazu bei. Das heißt, Sie können vieles ändern.

Schritt 3 – Lösungssuche und -umsetzung

„Mißerfolg ist die Chance,
es beim nächsten Mal besser zu machen.“
Henry Ford

Aufbauend auf Ihrer Problemanalyse überlegen Sie jetzt, wie Sie beim nächsten Mal vorgehen wollen.

Beispiel

Sie haben eine Prüfung nicht bestanden.

Es lag vielleicht daran, dass Sie nicht genügend oder nicht die richtigen Inhalte gelernt haben, Sie haben sich zu oft ablenken lassen, haben den Zeitbedarf fürs Lernen falsch eingeschätzt, etc.. Die Lösungen könnten demzufolge sein, noch einmal genau die Lernziele und den Lernstoff festzulegen, einen Zeitplan zu entwerfen, Ablenkungen und Störungen zu minimieren. Vielleicht lag es auch daran, dass Sie Prüfungsangst haben, einfach so nervös waren, dass Sie die geforderte Leistung nicht erbringen konnten. Eine mögliche Lösung wäre hier ein Training, mit dem man Stressreaktionen und Ängste in den Griff bekommt – am Lernen hat es in diesem Fall ja nicht gelegen.

Entscheidend für den Erfolg ist letztlich nicht, ob und wie oft man hingefallen ist, sondern ob man sich wieder aufgerappelt und weitergemacht hat.

Erfolgreiche Menschen zeichnen sich u.a. dadurch aus, dass sie beharrlich sind, Rückschläge und Fehlschläge einstecken und trotzdem entschlossen weiter machen: dieses Mal vielleicht mit einem anderem Vorgehen, einer neuen Methodik.

- Neben einem gewissen Maß an Frustrationstoleranz und einer genauen Analyse des Fehlschlags gehört also auch eine gehörige Portion Durchhaltevermögen, Kraft und Ausdauer dazu, mit Misserfolgen umzugehen.
- Gehen Sie nicht davon aus, dass alles immer gleich beim ersten Mal klappen muss oder klappen wird – die meisten Erfindungen und Entwicklungen wären nicht gemacht worden, wenn alle so denken würden. Nach dem Wahrscheinlichkeitsgesetz steigt die Chance auf Erfolg aber mit jedem Mal, wo wir es neu probieren...

Verfolgen Sie keinesfalls nur einen Plan als einzige Möglichkeit zum Erfolg. Entwickeln Sie von Anfang an auch Alternativpläne, Plan B, Plan C, die Sie einsetzen können, wenn Plan A fehlschlägt. Es gibt nie nur einen Weg zum Ziel.

Wenn Sie längere Strecken mit dem Auto zu fahren haben, dann schauen Sie doch sicher in die Karte und überlegen, welche Route die beste wäre. Häufig stellt man fest, dass es eine kürzeste Strecke gibt, aber auch eine, die am bequemsten zu fahren wäre, und vielleicht noch eine, die landschaftlich am reizvollsten ist. Sie entscheiden sich für eine Route – aber wenn Sie dann losfahren und im Radio hören, dass einige Kilometer vor Ihnen die Straße nach einem Unfall gesperrt ist, dann fahren Sie doch nicht weiter, sondern Sie nehmen eine andere Strecke, oder? Gut, dass Sie sich vorher informiert haben und alle Alternativen kennen...

Rechnen Sie aber bei aller Planung auch mit dem Unplanbaren, nehmen Sie es gelassen und mit Humor – kennen Sie Murphy´s Law, die vom amerikanischen Ingenieur Edward A. Murphy formulierten 10 Gesetze?

Murphys Law

1. Alles, was schiefgehen kann, geht auch schief.
2. Niemals ist etwas so einfach, wie es aussieht.
3. Wenn man lange genug an etwas herumbastelt, wird es kaputt gehen.
4. Wenn man versucht, es allen recht zu machen, gibt es immer jemanden, dem das nicht gefällt.
5. Nichts läuft so, wie man es erwartet.
6. Was man auch tun will, es gibt immer etwas, was man vorher machen muss.
7. Erklärt man etwas so, dass es eigentlich niemand falsch verstehen kann, wird es jemand falsch verstehen.
8. Nichts ist sicher, bis es passiert ist (und dann sollte man es mehr als einmal prüfen...).
9. Wenn alles nach Plan läuft, ist das ein sicheres Zeichen dafür, dass bald etwas schief gehen wird.
10. Das einzig Vorhersehbare ist, dass etwas vollkommen Unerwartetes geschehen wird.

3.2 Fantasie und Kreativitätstechnik

„Fantasie ist etwas,
was sich manche Leute gar nicht vorstellen können."
Gabriel Laub

Fantasie als Eigenschaft, so sagt das Lexikon, ist Einfallsreichtum, Einbildungskraft, eine „Fantasie" das Erzeugnis dieser Vorstellungskraft. Wenn wir etwas „fantastisch" finden, meinen wir damit, etwas ist verrückt, unwirklich – es kann aber auch großartig, wunderbar, herrlich sein.
Brauchen wir Fantasie, um erfolgreich zu sein? Eindeutig ja: Um Probleme zu lösen, neue Wege (z.B. nach Fehlschlägen) zu finden, reicht es nicht, in den ausgetrampelten Pfaden weiterzustapfen. Wir brauchen ungewöhnliche Ideen, neue Einfälle als wichtige Bestandteile des kreativen Denkens.
Der kreative Prozess gliedert sich in verschiedene Phasen auf. Sellnow (Bonn 1997) stellt diesen Prozess als methodischen Dreischritt dar:

Dreischritt des kreativen Prozesses

1. Kritikphase	Bestandsaufnahme der Situation, des Problems
2. Fantasiephase	Ideen suchen und produzieren
3. Verwirklichungsphase	Umsetzung der ausgewählten Ideen

Kreatives Denken braucht neben der Problemwahrnehmung und -analyse, neben der Erarbeitung und Realisierung von Änderungsvorschlägen ein spielerisches Denken, das sich von Beschränkungen löst – Fantasie als zündender Funke.

Jeder von uns hat ein gewisses kreatives Potenzial – bei vielen aber ist es eher blockiert als gefördert worden. Wir alle kennen „Killerphrasen“, die wir angesichts von neuen, „fantastischen“ Ideen zu hören bekommen:

„Das geht doch sowieso nicht.“
„Wo kämen wir denn da hin!“
„Spinn bloß nicht rum!“
„Das haben wir noch nie so gemacht.“

Hierarchische Strukturen in Familie und Beruf, Gehorsamkeitsforderungen, rigide Weltanschauungen und Wertesysteme sorgen dafür, dass Einfallsreichtum und Querdenken blockiert werden. Wer Angst hat, sich anpassen muss oder will, selbst durch Vorurteile geprägt ist, wird wenig Neues an Ideen produzieren.

Kann man sein Denken von diesen Fesseln befreien?
Ja – zum einen dadurch, dass man sich diese Beschränkungen zunächst deutlich macht und dann dagegen angeht:

- In welchen Bereichen arbeiten Sie selbst mit „Killerphrasen“, demotivierenden Phrasen zur Abwehr neuer Ideen – und warum?
- Sind Sie in der „Routinefalle“ gefangen – handeln Sie aus Gewohnheit, hinterfragen Sie die Dinge nicht mehr, sondern nehmen sie als selbstverständlich und gegeben hin?
- Sind Sie ein eher schwarzseherischer Mensch und gehen von daher davon aus, dass sich durch neue Ideen sowieso nichts ändern wird – und wenn, dann eher zum Schlechteren?
- Trauen Sie sich nicht zu, etwas zu verändern – weil Sie glauben, die nötigen Kenntnisse und Fähigkeiten dazu nicht zu besitzen?
- Glauben Sie, dass es sowieso niemanden interessiert, welche Ideen Sie haben?

Trifft etwas davon auch auf Sie zu?
Ohne eine gewisse Flexibilität im Denken geht nichts – wer sich nicht auf neue Situationen, neue Umstände, andere Menschen einstellen kann oder will, der wird Veränderungen nur unwillig hinnehmen – und schon gar nicht in der Lage sein, solche Veränderungsprozesse selbst zu initiieren und eingefahrene Denkmuster zu verlassen.

Was kann man außerdem tun, um fantasievoller an die Dinge des Alltags heranzugehen? Es gibt verschiedene sog. „Kreativitätstechniken", die gerade die zweite Phase im Kreativitätsprozess, die Fantasiephase, die Ideensuche und -produktion fördern können.

Brainstorming

Von dieser Technik haben Sie sicher schon gehört, sie vielleicht ausprobiert, Brainstorming gehört zu den bekanntesten Kreativitätstechniken, der Vorteil ist, dass Sie innerhalb kurzer Zeit viele Ideen erhalten, an denen Sie dann weiterarbeiten können. Sie setzen sich z.B. mit einer Gruppe zusammen (ideal sind ca. 4-12 Teilnehmer), formulieren eine Fragestellung und bestimmen einen „Moderator", der die mündlich geäußerten Ideen schriftlich festhält. Wichtig dabei ist die Menge der produzierten Ideen, „ausgesiebt" wird erst im zweiten Schritt. Kommentare, Kritik an den Äußerungen („Das ist doch unrealistisch!", „So ein Blödsinn!") sind während der Sammlungsphase absolut tabu – das stoppt den Ideenfluss nämlich garantiert. Zunächst „verrückt" erscheinende Vorschläge sind besonders willkommen – Querdenker vor! In der Regel kommt eine erste Welle von Ideen ziemlich rasch, dann gibt es eine kleine Pause (meist nach den ersten 5-10 Minuten). Bleiben Sie noch ein bisschen dran – bald fließt es wieder.
Im zweiten Schritt werden die Vorschläge besprochen, geordnet und sortiert: nach Brauchbarkeit, Umsetzbarkeit etc. Dann bestimmt man das weitere Vorgehen: Welche Aktionen ergeben sich aus den Ideen, wer setzt sie ab wann und bis wann um etc.

Brainstormings funktionieren durchaus auch, wenn Sie sie allein durchführen – achten Sie dabei aber auf Ihre „Schere im Kopf": Erst mal nur sammeln, dann bewerten. Das Brainstorming lebt stark von der assoziativen Kette der Gedanken.
Sie möchten einem guten Freund zum Geburtstag etwas schenken – aber was? Machen Sie ein Brainstorming: Die Frage lautet z.B.: Was fällt mir ein zum Thema Geburtstag? Antworten könnten sein: Geschenk, Suchen, Stress, Feier, Geburtstagstorte, Spiele, Essen und Trinken, Spaß, Leute kennen lernen ....
Jetzt fangen Sie an, daraus Geschenkideen zu entwickeln: Suchen, Stress – wie wäre es mit einem Routenplaner für den PC? Feier, Geburtstagstorte – wäre auch ein Geschenk: eine opulente Torte mit Wunderkerzen, während der Feier zu überreichen. Möglich wäre auch ein Backbuch, eine Einladung zum Kaffee oder eine Grundausrüstung fürs Backen: Kuchenform, ein Rezept und entsprechende Zutaten. Spiele – ein PC-Spiel, ein Riesen-Schachspiel für den Garten? Essen und Trinken – ein Gutschein für ein Abendessen im Lieblingslokal, für einen Kochkurs, für ein Weinseminar? Leute kennen lernen – einen Satz edler Visitenkarten? Massenweise Geschenkideen...

Osborne-Checkliste

Der Entwickler des Brainstorming, Alex Osborne, steht noch für einige andere Kreativitätstechniken, z.B. seine nach ihm benannte Checkliste, die dabei hilft, neue und ungewöhnliche Lösungen für Probleme zu finden. Der Begriff „Problem" ist im weiteren Sinn zu verstehen, Ausgangspunkt ist eine Frage bzw. Aufgabe. In der folgenden Übung lautet sie beispielsweise: „Wie kann ich einen Flyer verbessern?" Oder auch: „Wie kann ich einen Flyer attraktiver/wirksamer machen?"
Osborne hat neun Basisfragen entwickelt, die gewissermaßen universell die möglichen Aspekte abfragen, zu denen man Ideen entwickeln kann. Dabei soll die Fantasie angeregt werden und wie beim Brainstorming zunächst alles – auch das vermeintlich Unsinnige – notiert werden. Sortiert wird dann später und das Brauchbare ausgefiltert.

Übung

Sie müssen für ein Unternehmen einen neuen Firmenprospekt entwickeln – bisher gab es einen Flyer, ein beidseitig farbig bedrucktes A-4-Blatt. Man erwartet von Ihnen etwas völlig Neues, Unkonventionelles. Gehen Sie nach der Osborne-Checkliste vor und beantworten Sie folgende Fragen:

1. Anders verwendbar? Gibt es eine andere Gebrauchsmöglichkeit für Ihren Prospekt, können Sie ihm noch eine weitere Funktion geben?
2. Anpassungsfähig? Gibt es ähnliche Ideen, Dinge, die Sie nachmachen können?
3. Veränderbar? Wie können Sie den Prospekt verändern – in Farbe, Form, Bedeutung, Größe, Material etc. ?
4. Vergrößern? Was kann man größer machen, hinzufügen, verstärken etc.?
5. Verkleinern? Was können Sie verkleinern, einschränken, wegnehmen etc.?
6. Ersetzen? Was können Sie austauschen, anders gestalten, ersetzen?
7. Umordnen? Was können Sie austauschen, umstellen, umdrehen?
8. Kombinierbar? Kann man den Prospekt mit etwas anderem verbinden?
9. Transformierbar? Können Sie den Prospekt in seiner Form verändern?

Einige Lösungsmöglichkeiten:

1. Kalender, Schreibtischunterlage, Tischset etc. / 2. Puzzle, Postkarte / 3. statt Farbe Schwarz-Weiß plus Signalfarbe, rund statt viereckig, andere inhaltliche Schwerpunkte / 4. Poster statt A-4, größerer Verteilerkreis, mehr Inhalt, mehr Bilder / 5. Prospekt als Leporello in Scheckkarten-Größe, inhaltliche Aspekte kürzer, etwas weglassen / 6. andere Schrift, anderes Material / 7. Mengenverhältnis Schrift / Bilder tauschen, „Wir-Form“ statt „Sie-Form“ / 8. Gutschein für Produkt/Dienstleistung, Postkarte zum Ausschneiden als Bestandteil / 9. CD oder Ball mit Aufdruck statt Papier-Prospekt

Auf den Punkt gebracht:

- Fehlschläge gehören zum Leben – sie sind eine Gelegenheit, dazu zu lernen.

- Gehen Sie konstruktiv mit Fehlschlägen um: Verarbeiten und überwinden Sie Ihre Enttäuschung, analysieren Sie dann den Fehlschlag und erarbeiten Sie eine neue Lösung.

- Beharren Sie dabei nicht auf einem Plan – entwickeln Sie auch Alternativen.

- Nutzen Sie Ihre Fantasie für kreative Problemlösungen. Befreien Sie sich von Denkschablonen und Denkblockaden.

- Arbeiten Sie mit Kreativitätstechniken, um auf neue Lösungen zu kommen.

4 O wie Organisation und Ordnung

4.1 Persönliche Organisation – Der Umgang mit alltäglichen Stolpersteinen

„Der Mensch hat Nahrungssorgen, Familiensorgen, Fortkommenssorgen, Ehrgeiz, Neurosen – er hat zu wichtigen Dingen keine Zeit."
Gottfried Benn

Kennen Sie das Gefühl, am Ende eines Tages nur einen Bruchteil von dem erreicht zu haben, was Sie sich vorgenommen hatten? Haben Sie manchmal den Eindruck, Sie hetzen sich nur noch ab, ohne allzu viel zu erreichen, Sie haben viel getan und doch nichts geschafft?

Zeitmanagement

Entscheidender Faktor ist die Zeit, und Abhilfe erreichen Sie durch konsequentes Zeitmanagement. Dazu gehören

- Planungstechniken und Verfahren, z.B. Zielplanung, Strukturieren eines Tageskalenders usw.,
- Regeln, wann und wie wir sinnvoll planen und entscheiden,
- Übungen, mit denen wir neue Verhaltensroutinen ausprobieren und erlernen und
- Hilfsmittel wie Formulare, Checklisten, Zeitplanbuch, Organizer oder PC- Programm.

Diesem Thema ist ein eigenes Buch innerhalb dieser Reihe gewidmet (Degener More OFFICE/Heinz Hütter, Zeitmanagment). In vorliegendem Abschnitt kümmern wir uns um jenen Ausschnitt aus dem Zeitmanagement, der unser ganz persönliches Verhalten, unser Selbstmanagement im engeren Sinn betrifft. Und hier gibt es ein paar klassische Stolpersteine, die uns immer wieder ins Straucheln bringen.

Die typischen Stolpersteine

1. Wir wollen zu viel…
2. Unverhofft kommt oft…
3. Das mache ich später…
4. Deins oder meins…
5. „Nein"-Sagen fällt schwer…
6. Ablenkungen und Störungen
7. Perfektionismus

Stolperstein Nr. 1

Wir wollen zu viel

Wir beschäftigen uns mit zu vielen verschiedenen Problemen und Aufgaben auf einmal.
Wir überschätzen unsere Kraft und Energie und unterschätzen den Zeitaufwand für manche Aufgabe.
Wir kümmern uns oft um (unwichtigen) Kleinkram und haben nicht mehr genug Zeit für die wichtigen Aufgaben übrig.

Was tun?

- Erstellen Sie einen Tagesplan, aufbauend auf einer „To-do-Liste“: Legen Sie am Vorabend schriftlich fest, welche Aufgaben Sie erledigen, welche Ziele Sie am nächsten Tag erreichen wollen. Gewichten Sie dabei: Wie viel Zeit wenden Sie für die Arbeit auf, wie viel Zeit für Ihr Privatleben? Wie viel Zeit veranschlagen Sie für die Pflicht, wie viel Zeit für Vergnügen und Spaß?
- Listen Sie dann die Inhalte, alle zu erledigenden Aufgaben auf. Fragen Sie sich bei jeder Aufgabe, ob sie für die Zielerreichung wichtig und notwendig ist. Fragen Sie sich auch, was geschieht, wenn Sie eine Aufgabe nicht tun.
- Planen Sie private Termine und auch Freizeitaktivitäten fest ein – das sollte nicht zu kurz kommen! Eine Stunde pro Tag für Vergnügen und Entspannung muss möglich sein – das ist das Minimum!
- Setzen Sie Prioritäten: First things first. Ordnen Sie die Aufgaben nach Wichtigkeit und Dringlichkeit und legen Sie dementsprechend eine Rangordnung der Arbeiten fest.
- Versuchen Sie, einen realistischen Zeitrahmen für die einzelnen Aufgaben festzulegen. Wenn Sie feststellen, dass Sie immer zu wenig Zeit veranschlagen: Verdoppeln Sie den gedachten Wert. Planen Sie Erholungspausen ein.
- Bei längerfristigen Aufgaben/Projekten: Sorgen Sie für „Pufferzeiten“, so geraten Sie bei Ausfällen (z.B. durch Krankheit etc.) nicht sofort unter Druck.
- Überprüfen Sie am Abend, was Sie erreicht haben und tragen Sie Unerledigtes für einen anderen passenden Termin wieder ein – so lange, bis es erledigt ist (weil Sie es angepackt haben oder weil es überflüssig geworden ist…).
- Beurteilen Sie Ihren Tag nach den erzielten Ergebnissen, nicht nach den Tätigkeiten! Was nützt ein Tag voller Aktion und Hektik, wenn nichts dabei herumkommt?
- Am Sonntag soll der Mensch ruhen! Es kann auch ein anderer Tag sein – aber: Ein freier Tag pro Woche, ein Tag ohne Pflichten sollte wenigstens sein.

Stolperstein Nr. 2

Unverhofft kommt oft

Der Tag ist bis in die letzte Minute ge- und verplant, alle Aufgaben sind aufgelistet und ins Timing gebracht. Es läuft prima – bis etwas völlig Unerwartetes passiert… Ja, damit konnte man ja auch nicht rechnen! Muss man aber…

Was tun?

Rechnen Sie mit dem Unerwarteten, planen Sie das Unkalkulierbare ein – und verplanen Sie nicht jede Minute Ihres Tages. Grobe Regel: Verplanen Sie 50 – 60 % Ihrer Zeit für Vorhersehbares, 40 – 50 % bleiben reserviert für Ungeplantes: Aufgaben, die länger dauern als erwartet, Störungen, die auftreten, ungeplante Besucher, spontane Ideen etc.

Stolperstein Nr. 3

Das mache ich später…

Briefe erst mal wieder weglegen, weil die Antwort knifflig ist, die Vorbereitungen für die Präsentation doch noch vertagen, die Unterlagen für den Steuerberater fertig machen – später …
Oder im persönlichen Bereich: Eigentlich müsste ich mal wieder zum Zahnarzt – na ja, es tut ja nichts weh (außer dem Backenzahn hinten, der ein bisschen ziept….), das reicht doch auch nächste Woche…

Aufschieben statt anpacken: Dinge, zu denen wir keine Lust haben, Aufgaben, vor denen wir Angst haben, Tätigkeiten, die uns nerven. Wenn wir Aufgaben so lange vor uns herschieben, bis die Zeit zu knapp geworden ist, um sie noch vernünftig zu erledigen, sind wir frustriert, sauer auf uns selbst, setzen uns das nächste Mal, wenn eine ähnlich schwierige Aufgabe ansteht, unter Druck – verlieren unter diesem Druck die Motivation und schieben wieder auf.

Woran liegt es, dass wir aufschieben? Es gibt viele Gründe – Faulheit ist der seltenste:

- Wir haben Angst, etwas nicht gut genug erledigen zu können – die mögliche Bewertung durch andere, aber auch der eigene Perfektionismus lähmt.
- Wir mögen die Aufgabe nicht – sie ist uns vielleicht aufgedrückt worden.
- Wir sehen den Sinn dieser Aufgabe nicht ein.
- Uns fehlen wichtige Informationen, spezielle Kenntnisse, Erfahrungen, die wir für diese Aufgabe besitzen müssten.
- Wir brauchen den Druck, der durch das Aufschieben entsteht.
- Wir haben einfach keine Lust – zumindest nicht jetzt.
- Es ist eine schlechte Angewohnheit, mit der wir bisher immer gut durchgekommen sind – na ja, fast immer....

Was tun?

- Fragen Sie sich in jedem konkreten Fall von „Aufschieberitis“, was die Ursache ist.
- Entkräften Sie diesen „Grund“. Wenn Sie z.B. der Meinung sind: „Das schaffe ich sowieso nicht!“, sagen Sie sich stattdessen: „Ich werde es jetzt versuchen! Ich habe schon andere Dinge geschafft!“ Fragen Sie sich auch: „Was kann ich tun, damit ich es schaffe? Brauche ich noch Informationen? Wer kann mich unterstützen?“
- Aufgaben, die nur wenig Zeit und Energie kosten, sollten Sie sofort erledigen und nicht lange vor sich herschieben. Arbeiten Sie dabei effizient und nicht perfektionistisch: Ein Fax, das Sie bekommen haben, können Sie mit einem aufwändig formulierten Brief beantworten. Sie können aber auch das Fax mit einigen kurzen handschriftlichen Vermerken Ihrerseits zurückfaxen – das spart Zeit!

- Größere Projekte zerlegen Sie in kleine, konkret formulierte und terminierte Arbeitsschritte.
- Warten Sie nicht darauf, dass Sie Lust bekommen, diese Aufgabe zu erledigen. Entwickeln Sie Startsignale: Kaffee kochen – und los! Die Unterlagen kurz ordnen – und los!
- Belohnen Sie sich! Nach jedem erreichten Arbeitsschritt gönnen Sie sich eine Kleinigkeit. Vor allem aber: Loben Sie sich, seien Sie stolz auf Ihre Fortschritte: „Das hat wirklich gut geklappt, ich habe es ganz konsequent durchgezogen!"

Stolperstein Nr. 4

Deins oder meins?

Wir erledigen (oft freiwillig!) Dinge, die auch andere hätten tun können, tun sollen, tun müssen.
Kein Wunder, dass uns die Zeit für anderes (Wichtigeres, Schöneres...) fehlt.

Was tun?

Delegieren Sie, wenn immer es möglich ist! Fragen Sie sich:

- Was müssen und wollen Sie weiterhin selbst tun?
- Was könnten und sollten andere tun – genauso gut, besser, schneller, billiger als Sie (und zwar beruflich wie privat)?

Wenn Sie delegieren, dann

- ...nur Arbeiten mit festgelegten Zielen und Leistungsstandards – wie, mit welchem Ergebnis und bis wann soll etwas erledigt werden?
- ... an diejenigen, die diese Arbeiten erledigen können und wollen (oder es lernen) und Zeit dafür haben. Prüfen Sie gemeinsam, ob das vorher vereinbarte Ziel erreicht wird.
- ... nicht nur die Arbeit, sondern auch die Kompetenzen – oder soll man Sie dauernd um Erlaubnis fragen müssen?

Wenn es Ihnen schwerfällt zu delegieren, denken Sie mal darüber nach, woran es liegen könnte.

- Unentbehrlich sein wollen? Ohne Sie funktioniert nichts – wollen, brauchen Sie dieses Gefühl des Unersetzlichseins tatsächlich? Sie opfern dafür viel Zeit, Energie und Freiheit. Wenn etwas auch ohne Sie funktioniert, ist das ein Zeichen für gute Planung und Organisation – und nicht der Hinweis darauf, dass Sie eigentlich überflüssig sind.
- Bequemlichkeit? Bevor Sie jemandem alles erklären, machen Sie es lieber selbst? Betrachten Sie die Zeit für die Anweisung als Investition in die Zukunft, die Zinsen bringt.
- Perfektionismus? Keiner kann das so gut wie Sie? Aber er/sie kann es lernen! Muss eine bestimmte Aufgabe genauso erledigt werden, wie Sie es getan hätten? Überprüfen Sie kritisch Ihre Standards: Stehen Aufwand und Ergebnis in vernünftiger Relation zueinander?
- Angst vor dem „Nein" der anderen? Was haben Sie zu verlieren? Wenn er/sie „Nein" sagt, sind Sie schlimmstenfalls so weit wie vorher.
- Angst vor Konkurrenz? Nachher macht das jemand besser? Soll er/sie doch – Sie delegieren ja nicht Ihre Kernaufgaben. Mit denen aber profilieren Sie sich!
- Ihr/e Chef/in? Überzeugen Sie ihn/sie davon, dass es sinnvoll ist, zu delegieren – dann haben Sie nämlich mehr Zeit für die wichtigen Aufgaben.

Stolperstein Nr. 5

„Nein"-Sagen fällt schwer

Warum sagen wir so oft „Ja", wo wir doch „eigentlich" viel lieber ablehnen würden?
Das gilt für Arbeiten, die wir übernehmen, gleichermaßen wie für Termine, die wir zusagen.

Die Gründe dafür sind vielfältig und oft psychologischer Natur – was trifft bei Ihnen zu?

- Manchmal sind es aus der Kindheit übernommene Verhaltensweisen (tiefenpsychologische Erklärung): Ein braves Kind sagt nicht „Nein", wenn es um etwas gebeten wird, sondern ist folgsam und macht, was man ihm sagt.
- Wir wollen gemocht werden, möchten eine angenehme Atmosphäre um uns (sog. Anschlussmotiv) – jemand, der klar und deutlich „Nein" sagt, macht sich auch unbeliebt…
- Gebraucht zu werden ist auch was Schönes, oder? Man fühlt sich wichtig oder unersetzlich.
- Wir wollen uns beweisen, zeigen, dass wir (und nur wir!) der richtige Mann/die richtige Frau für diese Aufgabe sind.
- Wir haben Angst, etwas zu verpassen, „außen vor" zu sein. Das verwandelt manche „Eigentlich nicht" in „Ja, okay": Wenn ich das jetzt nicht mache, bekomme ich nicht mit, wie es weitergeht, habe ich keinen Einfluss mehr…

Was tun?

Zunächst mal gibt es Alternativen zum prompten „Ja":

1. Sagen Sie nicht sofort „Ja", sondern erbitten Sie Bedenkzeit. Was spricht dagegen, mal in Ruhe Vor- und Nachteile abzuwägen? Lassen Sie sich nicht überrumpeln! Bitten Sie um weitere Informationen (ggf. schriftlich).
2. Geben Sie ein eingeschränktes „Ja":

- Sie machen es, aber nur zu einem anderen, von Ihnen gewählten Zeitpunkt.
- Sie machen es, aber mit einer anderen, von Ihnen bestimmten Vorgehensweise.
- Sie machen es, aber nicht alles und nicht alles allein.
- Sie machen es, aber nur, wenn Sie dafür auch etwas zurückbekommen.

Wenn Sie „Nein" sagen wollen, dann geben Sie offen zu – vor sich und anderen – dass Sie das, worum man Sie bittet, nicht wollen. Sie können erklären und begründen, warum nicht – aber Sie brauchen sich dafür nicht zu entschuldigen!

Tipps zum „richtigen“ Nein-Sagen

Kollegen (oder im privaten Bereich Bekannte, Freunde, Familie) werden auf Ihr „Nein“ natürlich nicht unbedingt verständnisvoll reagieren. Man wird vielleicht (gerade, wenn man so etwas von Ihnen nicht kennt!) sauer sein, enttäuscht, wütend. Bereiten Sie sich auf diese möglichen Reaktionen vor: Stellen Sie sich die Situation, in der Sie „Nein“ sagen wollen und die Person, die es betrifft, bildlich vor: Wie wird er/sie versuchen, Ihr „Nein“ zu verhindern?

- Wird er/sie zornig werden, Sie gar anschreien – und darauf bauen, dass Sie die Harmonie wiederherstellen möchten – und doch noch „Ja“ sagen?
- Wird er/sie versuchen, Ihnen ein schlechtes Gewissen zu machen: Traurig schauen, tief seufzen und mit ersterbender Stimme „Schade – und ich dachte, ich könnte mich auf Sie/dich verlassen.“ murmeln?
- Wird er/sie versuchen, an Ihr Pflichtgefühl und Ihren Stolz zu appellieren: „Aber niemand kann das so gut wie Sie!“

Gefahr erkannt – Gefahr gebannt! Mit welcher „Nummer“ kann man Sie am besten manipulieren? Schützen Sie sich davor! Machen Sie sich klar: Sie dürfen „Nein“ sagen! Sie haben gute Gründe für Ihr „Nein“! Sie wollen nicht gemocht werden, weil man Sie so gut ausnutzen kann – Sie wollen Respekt!

Das Wort „Nein“ ist ein Wort, das sehr viel Zeit und Energie spart. Freuen Sie sich also darauf, dass Sie mit dieser eingesparten Zeit und Energie endlich das tun können, was Sie wollen – und nicht mehr das, wozu die anderen Sie bringen wollen.

Stolperstein Nr. 6

Ablenkungen und Störungen

Sie sitzen an einer wichtigen Terminarbeit, da klingelt das Telefon. Am anderen Ende ist ein netter Mensch, mit dem Sie sich sonst immer gern unterhalten...
Sie müssen eine komplizierte Aufgabe lösen. Immer, wenn Sie richtig in die Sache vertieft sind, werden Sie gestört – jemand will nur ganz kurz etwas fragen...
Sie wollen endlich aufräumen, aber da ist dieses ältere Heft mit dem unglaublich interessanten Artikel...

Was tun?

Schaffen Sie sich für wichtige Aufgaben störungsfreie Zeiten. Richten Sie sich eine „stille Stunde" ein (Idee nach Seiwert, 2000) in der Sie nicht durch Telefon, Besucher etc. abgelenkt und immer wieder aus Ihrer Konzentration gerissen werden. Vertreten Sie sich mit Kollegen/Kolleginnen während dieser „Sperrzeiten" gegenseitig. Behandeln Sie Ihre „stille Stunde" wie einen wichtigen Termin: Schriftlich im Tagesplan vermerken, allen bekannt geben und nicht verschieben oder streichen. Schwieriger wird es, wenn Sie sich nur zu gern ablenken lassen. Da ist Selbstdisziplin angesagt, die Kontrolle über Willen, Gedanken und Verhalten! Stärken Sie auch Ihre Motivation, z.B. durch vorher geplante Belohnungen nach getaner Arbeit.

Stolperstein Nr. 7

Perfektionismus – Mr. / Mrs. 100%

Wollen Sie perfekte Ergebnisse statt „nur" guter?
Orientieren Sie sich dabei an Idealvorstellungen statt an der Realität?
Gebrauchen Sie häufig die Wörter „sollte" und „müsste"?
Sind Sie ein „Ganz-oder-gar-nicht"-Typ?
Können Sie lang an kleinen Details herumfeilen?

Perfektionisten haben Probleme: Egal, was sie tun, die Zeit reicht nicht aus, um das Ergebnis zu bekommen, das sie gern hätten. Woran liegt es?

Perfektionisten wollen nicht einfach nur eine Aufgabe so gut wie möglich erledigen, sie wollen damit einen möglichst guten Eindruck hinterlassen. Sie koppeln ihr Selbstwertgefühl an die zu erledigenden Aufgaben: Je besser eine Arbeit getan wird, umso besser fühlt sich der Perfektionist – also vergeudet man viel Zeit und Energie mit Details und Nebensächlichkeiten. Klappt etwas nicht „perfekt“, sinkt das Selbstwertgefühl, also muss man sich noch mehr anstrengen, noch „perfekter“ werden – ein Teufelskreis.

Der Perfektionist ist also alles andere als perfekt – im Gegenteil, er ist häufig auf Grund seines Perfektionismus ineffizient, unproduktiv und damit erfolglos.

Was tun?

Durchbrechen Sie den Teufelskreis, trauen Sie sich, „unperfekt“ zu sein. Verabschieden Sie sich von unrealistischen Zielvorstellungen:

- Was ist vernünftigerweise möglich – unter Berücksichtigung Ihrer individuellen Ressourcen wie Wissen, Können, Zeit, Energie, Geld etc.?
- Setzen Sie sich daran orientierte Standards, vereinfachen Sie, konzentrieren Sie sich auf Wesentliches, verschwenden Sie Ihre Ressourcen nicht mit Nebensächlichkeiten

Perfektionisten streben nicht nur häufig Unmögliches an und reiben sich dabei auf, sie haben auch Probleme damit, Fehler zuzugeben – dies würde ja einen Kratzer auf dem „perfekten“ Bild, das man von sich haben und anderen vermitteln will, hinterlassen.

Setzen Sie sich nicht mehr unter Druck, stehen Sie zu Fehlern, die Ihnen unterlaufen sind, geben Sie Schwierigkeiten, die Sie haben, zu – vor sich und vor anderen. Niemand ist perfekt, sich irren ist menschlich.

4.2 Ordnung ist das halbe Leben

„Gebraucht der Zeit, sie geht so schnell von hinnen,
doch Ordnung lehrt Euch Zeit gewinnen."
Johann Wolfgang von Goethe

Wussten Sie schon Folgendes?
Die Zeit, die ein Mensch im Büro mit dem Suchen nach seinen Unterlagen verliert, wird in Untersuchungen auf ca. 45 Minuten beziffert – täglich! Das macht bei einer 5-Tage-Woche fast 4 Stunden aus, die wir für wichtigere und angenehmere Dinge nutzen könnten…

An anderen Arbeitsplätzen können sich aus Unordnung weitreichendere Folgen ergeben – dort, wo es um unmittelbare Verantwortung geht (z.B. im Labor) oder um das Bild, das man gegenüber Kunden abgibt (z.B. Verkauf, Beratungsbüro) – die Beispiele lassen sich fortsetzen. Deshalb sind Organisation und Ordnung vielfach klar geregelt – bis hin zu den gesetzlichen Vorschriften wie denen über die Aufbewahrungspflicht von Dokumenten.
Darum soll es in diesem Abschnitt aber nicht gehen, sondern darum, wie Sie Ihre ganz persönliche Ordnung in den Griff bekommen können. Das gehört auf jeden Fall zu einem erfolgreichen Selbstmanagement und ist ein Stück Arbeit an Ihrer Persönlichkeit.
Ein Genie beherrscht das Chaos – glauben Sie das wirklich?

> Wenn wir erfolgreich sind, dann nicht wegen, sondern eher trotz des Chaos. Schade um die Zeit!

Systematisches Vorgehen

Möchten Sie Ordnung in Ihr Leben bringen, die Stapel auf und neben Ihrem Arbeitsplatz verschwinden lassen, träumen Sie davon, alles sofort zu finden? Das ist gar nicht so schwer! Sie müssen es wirklich wollen und anfangen – es gilt zunächst Ordnung zu schaffen und dann durch systematisches Vorgehen dafür zu sorgen, dass sie erhalten bleibt:

Die drei Schritte, um „Grund“ in den Arbeitsplatz zu bekommen:

1. Grundlegend aufräumen.
2. Ordnungssysteme anlegen und dann
3. Konsequent damit umgehen !

Schritt 1 – Befreien Sie sich von Ballast

„Die Basis einer gesunden Ordnung ist ein großer Papierkorb.“
Kurt Tucholsky

Aufräumen, Dinge wegschmeißen, kann ein heikles Thema sein, weil wir vielfach damit nicht rational umgehen, sondern tiefere Schichten unserer Psyche betroffen sind. Das kann in diesem Bändchen nicht aufgearbeitet werden, aber hier eine Szene, die Sie sensibilisieren, zum Nachdenken anregen soll:

» 'Ich weiß, was Sie mich fragen werden, wenn ich diese Tür aufmache', meinte Janice, eine neue Kundin. Wir standen vor ihrer Garage. Sie drückte auf die Fernbedienung, und vor meinen Augen erschien ein höhlenartiger Raum, der bis zur Decke angefüllt war...mit Schachteln. Hunderte von Pappschachteln in allen möglichen Größen und Variationen. 'Was ist denn in denen drin?', fragte ich und glaubte, die Antwort schon zu wissen. Sie senkte die Stimme zu einem Wispern wie jemand, der ein sehr persönliches Geheimnis verrät. 'Noch mehr Schachteln', gestand sie und fügte dann – wie zu ihrer Verteidigung hinzu. 'Das sind aber alles gute Schachteln.' Ich nickte auf, wie ich hoffte, zustimmende Weise. 'Natürlich sind sie gut. Ich bin überzeugt, sie tun niemandem etwas zu Leide.' Janice schaute unbehaglich drein, als falle ihr gerade der Zweck unserer Sitzung ein. 'In einigen waren Hochzeitsgeschenke – in den schönen goldenen', sagte sie, als hoffe sie, ich würde von dieser ansprechenden Beschreibung mitgerissen. Es folgte eine lange, bedeutungsvolle Pause. 'Wann', fragte ich schließlich, 'haben Sie denn geheiratet?' 'Vor 14 Jahren'«

(Aus dem Buch „Entrümpeln Sie Ihr Leben“ von Harriet Schechter, Organisations-Coach und „Entrümpelungsspezialistin“, 2002, S. 97f.)

Was sich an Ihrem Arbeitsplatz angesammelt hat, kann schlecht geordnet oder überflüssig sein – trennen Sie sich von Nutzlosem, von Ballast. Besorgen Sie sich Kartons, Müllsäcke etc. und dann geht es los: Durchforsten Sie die Stapel auf dem Tisch, die Fächer und Schubladen und alles andere.

Checkliste für's Aufräumen

1. Nehmen Sie alles nur einmal in die Hand und entscheiden Sie: Trennen Sie sich davon oder behalten Sie es?
   Fragen Sie sich dabei nicht, ob Sie dieses Teil noch brauchen können – die Antwort wird nur selten „Nein" lauten. Irgendwie und irgendwann könnten wir sicherlich alles noch einmal brauchen, wer weiß, was kommt... Deshalb genauer:

2. Fragen Sie sich: Haben Sie diese Unterlage, dieses Teil, etc. in den letzten 12 Monaten gebraucht (haben Sie überhaupt gewusst, dass Sie es besitzen)? – Wenn nicht, weg damit!
   Immer wieder kommt hier der Einwand, man sei so vorgegangen, habe etwas weggeworfen, was man jahrelang aufgehoben habe – und dann habe man es auf einmal doch gebraucht! Deshalb:

3. Klären Sie zur Sicherheit Folgendes:
   Ist es kostbar, hat es einen hohen finanziellen oder ideelen Wert für Sie? Ist es sehr selten, kann man es nur schwer wieder besorgen?
   Lauten auch hier die Antworten „Nein", sollte Sie nichts mehr zurückhalten ...

4. Entrümpeln Sie regelmäßig: Schreibtisch, Schränke, Regale, Nebenräume etc.; die Festplatte Ihres PC; ggf. Ihr Auto (Kofferraum, Handschuhfach), Handtasche...

Das, was übrig bleibt (und keine Angst, es bleibt genug übrig!), wird dann nach bestimmten Kategorien neu geordnet und verteilt.

Schritt 2 – Ordnungssysteme einrichten und Ordnungshilfen nutzen

„Ordnung ist die Tochter der Überlegung."
Georg Christoph Lichtenberg

Wenn Sie alles losgeworden sind, was Sie nicht mehr brauchen, bringen Sie den Rest „in Ordnung": Was Sie aufheben wollen, müssen Sie (und ggf. andere, die in Ihrer Abwesenheit den Zugriff brauchen) auch wiederfinden.

Überlegen Sie sich ein dauerhaftes Ordnungssystem, nutzen Sie Ordnungshilfen.

Beispiel für die grundlegenden Kategorien eines Ordnungssystems:

❶ Unerledigt
Nach Bearbeitungszeitpunkt trennen, z.B.
- heute = auf den Tisch
- später = in eine Wiedervorlage

❷ Erledigt
Nach weiterem Ablauf und Aufbewahrungsnotwendigkeit trennen, z.B.
- weitergeben = Ausgangskorb,
- später ggf. weiterbearbeiten = Registratur im Büro
- nur aufbewahren – ins Archiv

❸ Nutzloses
Gleich in die „runde Ablage" (Papierkorb)

Wenn Sie konsequent vorgehen, liegt nur das Tagesaktuelle im Eingangskorb auf dem Platz. Im Einzelnen:

Erledigtes kommt

- in eine Hängeregistratur, wenn Sie in den nächsten sechs Monaten öfter darauf zugreifen werden;
- in einen Ordner, wenn Sie den Vorgang in den nächsten 6 Monaten nur selten zur Hand nehmen werden oder wenn er sehr umfangreich (mehr als ca. 20 Blätter) ist. Unterteilen Sie Ordner mit Registern und Aktenfahnen.
- Wenn ein Vorgang komplett abgeschlossen ist und nur noch eine gewisse Zeit zu Dokumentationszwecken aufbewahrt werden muss, gehört er nicht mehr ins Büro. Vielleicht gibt es eine andere Möglichkeit: ein Archiv, ein Abstell- oder Kellerraum etc.

Unerledigte Vorgänge liegen,

- wenn sie demnächst (morgen, nächste Woche etc.) zu bearbeiten sind, in einer Wiedervorlagemappe (mit 31 Fächern für einen Monat oder mit 12 Fächern für ein Jahr). Diese Mappe verwandelt unübersichtliche Stapel in geordnete und terminierte Vorgänge.
- Zeitschriften. Periodika und andere Informationsschriften kommen in einen Stehsammler oder – wenn viele Menschen darauf zugreifen – in einen Zeitschriftenständer.

Entscheiden Sie in Zukunft bei jedem Schriftstück (Briefe, Faxe, Prospekte etc.) sofort, ob Sie es heute oder später bearbeiten oder (unverzüglich!) wegwerfen wollen.

Nutzen Sie die Schubladen an Ihrem Schreibtisch für Dinge, die Sie oft brauchen, aber nicht auf der Tischfläche haben wollen: Locher, Hefter, Schere etc. Packen Sie aber keine Schriftstücke in die Schubladen – dort verschwinden sie unter Umständen auf Nimmerwiedersehen.
Organisieren Sie Ihren Schreibtisch möglichst so, dass Informationen, die Sie häufig brauchen, in Griffnähe sind, sodass Sie z.B. während Ihrer Telefongespräche ohne große Verrenkungen darauf zugreifen können: Terminkalender, Stifte, Notizzettel.

Kleiner Tipp am Rande: Ihr Telefon sollte, wenn Sie Rechtshänder sind, links stehen, damit Sie mit der rechten Hand Notizen machen können, während Sie telefonieren.

Schritt 3 – Halten Sie konsequent Ordnung

Das ist natürlich leichter gesagt als getan. Wenn Sie merken, dass die geschaffene Ordnung wieder aus dem Ruder läuft, versuchen Sie zu klären, woran das liegt, Mögliche Gründe sind:

- Ihre Persönlichkeit – dann sind Sie aufgefordert, sich besser für Ihr Ziel „Ordnung halten" zu motivieren (zur Motivation siehe Kap. 1.1).
- Keine Zeit für Ordnung – blättern Sie zurück zum Abschnitt 4.1 über persönliche Organisation…
- Fehlerhafte Prozessabläufe – wenn Sie dafür verantwortlich sind, können Sie sie anders organisieren, ansonsten müssen Sie mit Ihrem Chef darüber sprechen…
- Unpraktikables Ordnungssystem – das können Sie meist selbst beeinflussen und Sie dürfen nicht starr an etwas festhalten, das sich nicht bewährt. Hier gilt das Prinzip der ständigen Verbesserung.

Organisieren Sie auch Ihren PC, z.B. das E-Mail-System

- Durchforsten Sie alle Dateien und E-Mails und löschen Sie, was weg kann (veraltet, bereits als Ausdruck abgelegt oder auf externen Speichermedien gesichert). Richten Sie themenbezogene Ordner ein.
- Für Nachrichten, die Sie nur einige Tage (z.B. für Rückfragen) aufheben wollen, richten Sie z.B. einen „7-Tage-Ordner" ein – nach Ablauf wird automatisch gelöscht.
- Nachrichten, die kurzfristig bearbeitet werden müssen, sollten firmenintern in der Betreffzeile als dringend gekennzeichnet werden (entsprechendes Kürzel/Zeichen).
- Dämmen Sie die Info-Flut ein: Wie lang müssen Attachements wirklich sein? Geben Sie Informationen nur , wenn sie nötig sind, und nur an die, die wirklich etwas damit anfangen können – Vorsicht mit „Antwort an alle".

Auf den Punkt gebracht:

Lassen Sie sich nicht von den alltäglichen Stolpersteinen zu Fall bringen:

- Planen Sie Ihre Tage und Ihre Aufgaben schriftlich. Das entlastet Ihr Gedächtnis und ist verbindlicher als Dinge, die wir nur „im Kopf" haben.
- Verplanen Sie nicht die ganze Zeit, lassen Sie sich Puffer für Unvorhersehbares.
- Setzen Sie entsprechend Ihren Zielen Prioritäten: was ist wirklich wichtig?
- Achten Sie auf eine „Work-Life-Balance" – planen Sie Zeiten für Entspannung und Spaß ein.
- Sagen Sie der „Aufschieberitis" den Kampf an.
- Machen Sie nicht alles selbst: Delegieren Sie.
- Trauen Sie sich, „Nein" zu sagen.
- Minimieren Sie Störungen und Ablenkungen durch „Sperrzeiten".
- Verabschieden Sie sich von dem Gedanken, „perfekt" sein zu müssen.
- Gewinnen Sie Zeit durch Ordnung, befreien Sie sich von Ballast und ordnen Sie Ihre Sachen so, dass Sie keine Zeit mehr mit Suchen verschwenden müssen.
- Nutzen Sie die gewonnene Zeit – für Dinge, die Ihnen Spaß machen!

5 L wie Lernen und Loslassen

5.1 Lernen

„Es ist keine Schande, nichts zu wissen, wohl aber, nicht lernen zu wollen.“
Sokrates

Wir leben in einer Gesellschaft, in der einmal erworbenes Wissen nur eine sehr geringe „Halbwertzeit“ hat: Was wir gestern gelernt haben, um es heute anzuwenden, kann schon morgen überholt sein. Lebenslanges Lernen ist gefordert – aber nicht als Selbstzweck, sondern gebunden an unsere Ziele und Werte. Lernen ist also ein wichtiger Baustein des Selbstmanagements: Wir haben Wünsche und Visionen, wie unser Leben aussehen soll, daraus entwickeln sich Motivation und Zielsetzungen – das ist der Anfang von allem. Zu dem „Ich will“ muss aber auch das „Ich kann“ kommen, damit wir erfolgreich sind.

Selbstreflexion und -analyse sind gefragt: Welche Kenntnisse, Fähigkeiten, Kompetenzen brauchen Sie, um Ihre Ziele zu erreichen? Was müssen Sie neu erwerben oder auffrischen – was müssen Sie lernen?

Lernen ist dabei mehr als nur die Aneignung von Fähigkeiten, Kenntnissen, Fertigkeiten und Wissen. Lernen ist auch der Erwerb von Überzeugungen, Werten, Motivationen etc., die sich aus dem Wissen, den Fertig- und Fähigkeiten entwickeln.

Lernen ist damit das Entdecken neuer Möglichkeiten und individueller Handlungsspielräume – Lernen ist Verhaltensänderung.

Lernen kann jeder, in jedem Alter – wir sind nahezu unbegrenzt lernfähig. Hinzukommen muss, auch lernbereit zu sein.

Das Erwachsenenlernen

Lernen wir als Erwachsene anders als Kinder und Jugendliche? Ein klares „Ja“ – es gibt zahlreiche Ergebnisse aus der entwicklungspsychologischen Lernforschung, die das belegen (vgl. Arnold u.a.: Dozentenleitfaden 1999, S. 15f.).

- Als Erwachsene lernen wir Inhalte und Verhaltensweisen nur selten ganz neu. Meist wird von uns gefordert, bereits Erlerntes, vor Jahren erworbenes Wissen, Fähigkeiten, Überzeugungen etc. zu verlernen oder umzulernen. Das kann als bedrohlich, kränkend, verstörend empfunden werden – denken Sie an die Rechtschreibreform und die Widerstände, die sie ausgelöst hat: Auf einmal galt vieles nicht mehr, was man mühsam gelernt und jahrzehntelang angewandt hatte, worauf man vielleicht stolz war („Ich habe nie Rechtschreibfehler gemacht!“). Kinder, für die die Rechtschreibung tatsächlich „neu“ war, hatten keine Vorbehalte.
- Unsere sog. kristallisierte Intelligenz, die Kenntnisse, Fähig- und Fertigkeiten, die wir uns erworben haben, ist relativ altersstabil – was wir mal gelernt haben, was wir können, vergessen wir nicht so schnell.
- Die fluide Intelligenz, die Fähigkeit, sich auf neue Situationen und Anforderungen einzustellen und sie zu bewältigen, nimmt im Alter ab – wir sind nicht mehr so flexibel.
- Unser Lerntempo nimmt im Alter etwas ab.
- Das Langzeitgedächtnis bleibt ziemlich stabil – wenn man sich mit älteren Menschen unterhält, erstaunt es oft, wie detailliert diese sich an lange zurückliegende Ereignisse erinnern. Die Kapazität des Kurzzeitgedächtnisses verringert sich dagegen mit zunehmendem Alter, Lernprozesse werden störanfälliger – kontinuierliche Übung beugt vor.
- Die allgemeine Arbeitseffektivität nimmt zu – Eigenschaften wie Fleiß, Zuverlässigkeit, Disziplin oder Teamfähigkeit sind bei Älteren oft stärker ausgeprägt. Dazu kommt als wichtigste „Alters“kompetenz: Ein realistisches und stabiles Selbstbild, man kennt seine Stärken und Schwächen und weiß sie zu optimieren bzw. zu kompensieren.

Um lernfähig zu bleiben, brauchen wir das Wissen, warum wir lernen – und Übung. Es gelten die Worte Henry Fords:
„Jeder der aufhört zu lernen, ist alt, mag er 20 oder 80 Jahre zählen. Jeder der weiterlernt, ist jung, mag er 20 oder 80 Jahre zählen.“

Lernschritte

Nicht alles, was wir als Input im Lernprozess bekommen, bleibt tatsächlich hängen. Wie sagt man so schön:
- Gesagt ist noch nicht gehört,
- gehört ist noch nicht verstanden,
- verstanden heißt noch nicht einverstanden,
- einverstanden ist noch nicht angewendet,
- angewendet ist noch nicht beibehalten.

Aber: Jede einzelne dieser Phasen im gesamten Prozess können Sie absichtsvoll fördern: „Weisheit“, so Bertold Brecht, „besteht darin, dass man gelernt hat, zu lernen.“

Lernphasen

Der Lernprozess als solcher vollzieht sich in der Regel in diesen Phasen.

Sie werden auf der folgenden Magazinseite kurz umrissen und danach ausführlicher dargestellt.

So baut sich ein Lernprozess auf

Motiv

Am Anfang steht das Motiv/stehen die Motive, etwas zu lernen: *„Ich will lernen, mit Stress besser umzugehen.“* Daraus entwickeln sich die Lernziele: *„Ich will wissen, wie Stress entsteht, was er auslöst und wie ich ihn bewältigen kann.“*

↓

Information

In der Informationsphase bekommen wir Input von außen: in einem Seminar, durch ein Buch, eine Fernsehsendung, etc. Wir sind aufmerksam und konzentriert, unsere Wahrnehmung ist geschärft: Wir lesen, hören zu, schauen etwas an, „be-greifen“ etwas. Alle Eindrücke, die wir aufnehmen, laufen durch unsere individuellen Filter: negative Gefühle (Ängste, Zweifel) hemmen die Verarbeitung dieser Eindrücke, positive Gefühle (Spaß, Neugier) fördern die Verarbeitung:

„Was die Dozentin hier im Seminar erzählt – na, ich weiß nicht. Da müsste ich in Zukunft alles anders machen! Aber was sie jetzt sagt, klingt interessant, das möchte ich mal ausprobieren.“

↓

Aktivität

In der Phase der Eigenaktivität wird ausprobiert. Wir testen das Aufgenommene (geistig oder körperlich): stellen Fragen, diskutieren, untersuchen und prüfen etwas. Verarbeitet wird dabei allerdings selektiv. Nur was in unser „System“ passt – was uns für die Zukunft, für unser Ziel „sinnvoll“ und „brauchbar“ erscheint, wird aufgegriffen:

„Okay, ich will was gegen Stress tun – aber diese Entspannungsmethode bringt mir nichts, sie ist viel zu umständlich. Die Methode, die wir vorher gelernt haben, ist toll, das mache ich weiter."

↓

Feed-back

Beim Feed-back bekommt der Lernende Rückmeldung: von außen, z.B. durch Trainer/innen, die korrigieren und loben, weiteren Input geben. Es gibt aber auch die innere Rückmeldung: Der Lernende selbst merkt, ob er das Gelernte erfolgreich umsetzen kann oder ob noch Fehler auftreten, er eventuell weitere Informationen braucht.

„Also, das klappt bei mir irgendwie nicht – da muss ich noch mal fragen."

↓

Speichern/Anwenden

Die als „sinnvoll" und „brauchbar" bewerteten Informationen werden letztlich im Gedächtnis „abgespeichert".

„Also, das muss ich mir merken, so funktioniert's"

Je besser sich das Gelernte mit bereits vorhandenem Wissen und vorhandenen Erfahrungen verknüpfen lässt, umso eher sind wir in der Lage, die gelernten und gespeicherten Inhalte abzurufen und eine bestimmte Leistung zu erbringen.

Isoliertes Wissen hingegen bleibt äußerlich, wird in der Regel nicht angewandt und in die Praxis umgesetzt.

Lernphasen im Einzelnen

Die Lernmotivation

Sind Sie „von innen heraus“ motiviert, d.h., sind Sie davon überzeugt, dass ein Lerninhalt für Sie wichtig, sinnvoll und nützlich sein wird, haben Sie es leicht. Hat man Sie dagegen dazu überredet oder gar gezwungen, etwas zu lernen, z.B. ein Seminar zu besuchen, wird es nicht nur der Dozent/die Dozentin mit Ihnen schwer haben. Sie blockieren sich selbst – Inhalte, die wir nicht lernen wollen, nehmen wir nur unvollständig auf, erinnern sie nicht lange und wenden sie schon gar nicht an.
Lernen bedeutet Veränderung – und es ist ein Grundmuster im menschlichen Verhalten, dass wir alle Veränderungen – und seien sie noch so gering, zunächst sofort auf ihr Bedrohungspotenzial hin überprüfen: Was wird diese Veränderung für mich bedeuten – wo kann sie mir schaden?
Komme ich zu dem Ergebnis, dass die Veränderung nicht bedrohlich ist, kann ich sie auf Positives hin überprüfen: Nützt sie mir etwas, bringt sie mir (z.B. finanzielle) Vorteile? Wird sie mir vielleicht Spaß machen, mehr Zufriedenheit bringen? Bedeutet sie Erkenntnis, Wissen, Machtzuwachs?
Gehe ich dagegen davon aus, dass die Veränderung bedrohlich sein könnte, stelle ich mir sofort die nächste Frage: Bin ich in der Lage, mit dieser Bedrohung erfolgreich umzugehen, sie zu bewältigen – auf Grund meiner Fähigkeiten und Kenntnisse, auf Grund von Erfahrungen mit ähnlichen Situationen? Bejahe ich diese Frage, werde ich Wege finden, zu lernen, mit der Veränderung zu leben. Anworte ich auf diese Frage mit „Nein“, werde ich Vermeidungsstrategien wählen, ich blockiere die Veränderung: Ich nehme wichtige Informationen nur unvollständig auf, arbeite unkonzentriert, „vergesse“ vieles, gebe anderen die Schuld („viel zu theoretisch“, „schlecht erklärt“), wehre Erklärungen und Anregungen ab („Das funktioniert doch sowieso nicht.“, „Das haben wir noch nie so gemacht!“), greife Befürworter der Veränderung an („Das haben schon ganz andere probiert!“)

Beispiele

Typische Beispiele für solches Verhalten finden Sie im Arbeitsleben: überall dort, wo „alte Hasen“ neue Methoden erlernen sollen. Egal, ob Abteilungen auf EDV umgestellt werden, man mit anderen PC-Programmen arbeiten, neue Kommunikationsstrategien beim Kunden umsetzen soll – der Widerstand ist erst mal groß: Man zweifelt an der Fähigkeit, Neues zu erlernen und in die Praxis umzusetzen, man fürchtet den Vergleich mit jüngeren und (vermeintlich) schnelleren Kollegen, man hat schlicht Angst um seine sicher geglaubte Position – usw.
Es spielt dabei keine Rolle, ob diese Ängste, von außen betrachtet, „berechtigt“ und „realistisch“ sind.

Für den Einzelnen, der Ängste empfindet, sind sie real und müssen von daher ernst genommen werden.

Jeder von uns kennt solche Situationen aus eigenem Erleben und jeder weiß, dass Beschwichtigungen und Verharmlosungen („So schlimm wird es schon nicht werden!“, „Das schaffst du schon!“) kein echter Trost sind.
Packen Sie es selbst an! Versuchen Sie, die Ursachen Ihrer Selbstblockade herauszufinden – fragen Sie sich: Warum will ich nicht lernen?

- Empfinde ich die Lernsituation als bedrohlich? Warum?
- Finde ich die Lerninhalte bedrohlich? Warum?
- Glaube ich, nicht Schritt halten zu können mit den anderen (Jüngeren)?
- Habe ich mich immer als Autorität auf diesem Gebiet verstanden und kann nicht zugeben, dass ich nicht (mehr) al les weiß?
- Fürchte ich um die Sicherheit meines Arbeitsplatzes oder meiner Position in der Unternehmenshierarchie?

Seien Sie ehrlich zu sich selbst – Unsicherheit und Selbstzweifel sind nichts Schlimmes. Schlimm ist es, wenn Sie sich davon blockieren lassen.

Versuchen Sie offen für Neues zu werden – überlegen Sie, wo der Nutzen für Sie liegen könnte.

Die Informationsphase

Da hat man sich einen Vortrag angehört, einen Artikel gelesen, eine Diskussionsrunde verfolgt – und dann stellt man am nächsten Tag fest, dass man sich an vieles kaum noch erinnern kann. „Mein Gedächtnis ist schuld – erste Anzeichen von Altersvergesslichkeit! “ Wenn wir uns Dinge nicht merken (können? wollen?), ist meist nicht das Gedächtnis das Problem, sondern die mangelhafte Konzentration während des Aufnehmens.

Beispiele

Sie telefonieren mit einem Freund und schauen gleichzeitig Fernsehen (leiser gestellt!). Sie werden wohl weder das Gespräch richtig mitbekommen noch die Sendung...Eine Kollegin erklärt Ihnen etwas – ziemlich langatmig und umständlich. Auf einmal merken Sie, dass Sie sich an irgendeinem Punkt aus dem Gespräch verabschiedet haben...

Ihre Wahrnehmung entscheidet, ob und wie Sie Inhalte aufnehmen.

> Konzentrieren Sie sich voll auf das Zuhören, Anschauen oder Lesen – schalten Sie störende Einflüsse (Lärm, räumliche Unbequemlichkeiten etc.) und ablenkende Gedanken („Ich muss gleich noch...“) aus.

Wenn Sie (in Besprechungen, Seminaren, bei Diskussionen etc.) etwas nicht verstehen (oder Ihre Aufmerksamkeit doch kurz abgeschweift ist), fragen Sie nach, bevor Sie den Faden verlieren – wenn es sein muss, mehrmals. Fehlen Ihnen wichtige Informationen, können Sie das Folgende nicht richtig verarbeiten. Keine Angst vor Fragen, z.B. bei unbekannten Fachausdrücken, sehr komplizierten Sachverhalten: Es wird fast immer noch andere Teilnehmer/innen geben, die es auch nicht verstanden haben und dankbar für Ihren „Mut“ sind. Und selbst wenn jemand genervt die Augen verdreht – das ist nicht Ihr Problem! Wenn Sie was Wichtiges verpassen, das ist Ihr Problem!

> Wenn Sie merken, dass Sie nichts mehr aufnehmen können: machen Sie eine Pause.

Ausprobieren/eigene Aktivität

Diese Phase sollte sich idealerweise mit den Phasen, in denen Sie Informationen aufnehmen, abwechseln. Theoretisch Erarbeitetes in die Praxis umsetzen, testen, ausprobieren ist wichtig: Sie merken so sehr schnell, ob Sie wirklich schon alles verstanden haben oder noch mehr Input brauchen. Außerdem haben Sie erste Erfolgserlebnisse, Sie erfahren den praktischen Nutzen des Gelernten: Das motiviert zum Weitermachen.

Versuchen Sie also zu „üben“, praktisch, aber auch gedanklich:

- Visualisieren Sie die neuen Inhalte: Zeichnen Sie komplexe Themen auf, gliedern Sie sie farblich, machen Sie Zusammenhänge z.B. durch Pfeile deutlich – die Wahrscheinlichkeit, Dinge zu behalten, zu erinnern, steigt, wenn wir möglichst viele Wahrnehmungskanäle nutzen: den auditiven (zuhören), den visuellen (anschauen) und den kinästhetischen Kanal (fühlen, „be-greifen“).
- Erklären Sie anderen das Gelernte und diskutieren Sie es mit ihnen, lassen Sie sich Fragen stellen.
- Denken Sie sich Beispielsituationen, Fragestellungen aus und überlegen Sie, wie Sie auf Grund des neuen Wissens vorgehen würden.

Feed-back/Rückmeldung

Wir brauchen sie, um festzustellen, ob wir Informationen richtig aufgenommen und verarbeitet haben – um sie dann richtig anzuwenden.

In Seminaren, bei PC-Lernprogrammen, in Lehrbüchern wird die Rückmeldung zur Verstärkung bzw. zur Korrektur systematisch eingeplant – es gibt Tests, Checklisten etc.

Wenn Sie alleine lernen, achten Sie darauf, dass Sie sich selbst Rückmeldung geben bzw. besorgen: Machen Sie z.B. Übungen wie die oben genannten, um mögliche Wissenslücken zu entdecken. Reflektieren Sie immer wieder Ihr Wissen: Welches Lernziel haben Sie bereits erreicht, woran müssen Sie intensiver arbeiten?

Speicherung, Erinnerung und Umsetzung (Transfer)

Unser Gedächtnis ist selektiv – das Gehirn sortiert die Informationen und Eindrücke, mit denen wir tagtäglich überflutet werden, bewertet sie, schätzt also ihre Bedeutung für die Zukunft ab, sortiert unwichtig Erscheinendes aus und speichert das, was Lücken füllen kann und wichtig erscheint
Diese Selektion ist sinnvoll, ansonsten wäre unser Gedächtnis bei der Vielzahl neuer Informationen schnell arbeitsunfähig, das rote Lämpchen würde aufleuchten: „Speicher überlastet".

Was den Lernprozess angeht, heißt dass:

- Wenn Sie den zu lernenden Inhalten positiv gegenüberstehen, motiviert sind,
- sie sinnvoll und nützlich finden können,
- wenn Ihnen der Lernprozess und die Lernumgebung Spaß macht – Erfolgserlebnisse, praxisnahe Übungen, nette Seminarteilnehmer/innen etc.,
- wenn Sie das Gelernte mit bereits bekannten Inhalten verknüpfen können,

...dann werden Sie es ziemlich problemlos abspeichern, erinnern und bei Bedarf anwenden.
Und was kann man noch tun, um dem Gedächtnis auf die Sprünge zu helfen, Gedächtnisblockaden zu vermeiden?

- Schärfen Sie Ihre Wahrnehmung, tun Sie Dinge nicht bloß „nebenbei", sondern ganz bewusst. Konzentrieren Sie sich darauf, was Sie wahrnehmen und aufnehmen.
- Wählen Sie aus, woran Sie sich erinnern wollen, was ist wirklich wichtig?
- Setzen Sie das, woran Sie sich erinnern wollen, in einen Zusammenhang. Verknüpfen Sie Neues mit Altem.
- Das Gehirn ist ein Organ und es benötigt wie unsere anderen Organe auch bestimmte Dinge zum Leben und zum Funktionieren, u.a. Sauerstoff und gute Durchblutung. Sorgen Sie für regelmäßige Bewegung, ausgewogene Ernährung und reichlich Flüssigkeit. Und Ihr Gehirn braucht Training – machen Sie Gedächtnisübungen (s. S. 90 f).

Lerntypen

Es gibt verschiedene Lerntypen, wir nehmen Dinge auf unterschiedliche Weise wahr und bevorzugen entsprechende Lernkanäle. Ordnen Sie sich ein!

- Visueller Lerntyp: Er/sie lernt durch Sehen, Anschauen, braucht Bilder, muss sich etwas „vor Augen führen".
  Stellen Sie sich das, was Sie hören, sofort bildlich vor, machen Sie kurze Skizzen, wenn Sie jemandem etwas erklären?
  Bevorzugen Sie Ausdrücke wie „Ich bin im Bilde" oder „Das sehe ich nicht so"?
- Auditiver Lerntyp: Er/sie versteht und merkt sich Dinge durch Zuhören.
  Finden Sie Vorträge gut, hören Sie häufig Radio ?
  Sagen Sie oft „Wenn ich das schon höre" oder „Jetzt hören Sie mal"?
- Kinästhetischer Lerntyp: Er/sie „be-greift" die Dinge gern.
  Sie haben gern etwas Fassbares, z.B. Modelle, mit denen Sie lernen können, arbeiten gern kombiniert mit Geist und Händen, probieren gern etwas aus?
  Sprechen Sie davon, „etwas in den Griff zu kriegen" oder „die Finger von etwas zu lassen"?

Erkennen Sie sich wieder? Meist sind wir „Mischtypen", finden uns in mehreren Lerntypen wieder – aber es gibt deutliche Vorlieben für einen bestimmten Typ. Richten Sie Ihre Lernstragien auf Ihren Typ aus!

Die Lernpraxis

Tipps zum Lerntyp

Versuchen Sie, Ihre Lerninhalte entsprechend Ihrem Lerntyp aufzubereiten:

- Als visueller Lerntyp achten Sie z.B. darauf, dass Sie mit Tabellen, Schaubilden etc. lernen, sich Inhalte als Grafiken, Skizzen oder Diagramme aufzeichnen und so einprägen.
- Der auditive Lerntyp sollte sich Inhalte laut vorlesen (oder erklären lassen), mit Lernkassetten arbeiten etc.
- Der kinästhetische Lerntyp braucht praktische Demonstrationen, muss Dinge ausprobieren können.

Gedächtnisübungen

Für Gedächtsnisübungen finden Sie reichhaltig Literatur und auch Spiele. Hier zwei grundlegende Übungen, mit denen Sie beginnen können.

Gedächtnisübung 1:

Stellen Sie sich regelmäßig Fragen, die Ihre Erinnerung fördern. Erinnern Sie sich z.B. an ...

- Ihr Frühstück/Mittagessen/Abendessen am Mittwoch letzter Woche: Was gab es, wie hat es geschmeckt?
- die Kleidung, die Ihr Kollege, Ihre Kollegin vorgestern anhatte: Wie sah er/sie aus – Farben, Schnitt etc.?
- Ihren 18. Geburtstag: Wie haben Sie ihn gefeiert, wer war eingeladen?
- Ihre Lehrer/innen an der Grundschule: Wie hießen sie, wie sahen sie aus, waren sie nett?

Suchen Sie unterschiedliche Fragen so, dass Sie damit sowohl das Langzeit- als auch das Kurzzeitgedächtnis aktivieren.

Gedächtnisübung 2

Für diese Übung benötigen Sie Papier, Stift und eine Uhr.

a) Prägen Sie sich die folgende Liste drei Minuten lang ein.
b) Dann legen Sie das Buch zwei Minuten lang zur Seite.
c) Anschließend schreiben Sie die Begriffe mit der entsprechenden Nummerierung, also in der richtigen Reihenfolge auf.

1 Tee
2 Milch
3 Zucker
4 Orangensaft
5 Wein
6 Paprika
7 Kartoffeln
8 Fisch
9 Eis
10 Blumen
11 Schuhe
12 Waschmaschine
13 Kindergarten
14 Kopfschmerztabletten
15 Kindergärtnerin
16 Geburtstagsgeschenk
17 Buch
18 Oldtimer
19 Fernseher
20 Aktien

Na – an wie viele der Begriffe haben Sie sich mit der richtigen Nummerierung erinnert?

Lösungstipp:
Es gibt natürlich einen Trick dabei – erinnern Sie sich daran, dass Sie eben gelesen haben, man soll das, woran man sich erinnern will, in einen größeren Zusammenhang setzen? Wenn Sie sich also 20 Begriffe einprägen müssen – und das auch noch in einer bestimmten Reihenfolge – dann denken Sie sich eine Geschichte dazu aus, z.B. so:

Sie sitzen morgens am Tisch und planen Ihren Tag, während Sie eine Tasse Tee mit Milch und Zucker trinken. Als Erstes müssen Sie einkaufen: Orangensaft, Wein, für das Abendessen Paprika, Kartoffeln und Fisch. Zum Nachtisch gibt es Eis. Außerdem müssen Sie Blumen besorgen, übermorgen ist Muttertag. Ihre Schuhe sind kaputt und müssen zum Schuster – und die Waschmaschine macht auch so komische Geräusche in letzter Zeit... Nachdem Sie alles erledigt haben, ist es Zeit, Ihr Kind aus dem Kindergarten abzuholen. Bei dem Krach, der dort herrscht, fällt Ihnen ein, dass Sie keine Kopfschmerztabletten mehr haben. Die Kindergärtnerin spricht noch kurz mit Ihnen, dann fahren Sie los. Auf dem Weg nach Haus besorgen Sie noch schnell ein Geburtstagsgeschenk für Ihren Nachbarn, ein Buch über Oldtimer. Am Abend sitzen Sie erschöpft vorm Fernseher und sehen, welche Aktien schon wieder gefallen sind...

Unser Gedächtnis speichert, was Sinn macht – einzelne Begriffe wirken sinnlos.

Erst durch die Verknüpfung in einer Geschichte werden die einzelnen Begriffe sinnvoll und für unser Gedächtnis „akzeptabel“. Nutzen Sie das für den Lernprozess: Wiederholen Sie gelernte Inhalte und verknüpfen Sie sie mit bereits Bekanntem.

Auf den Punkt gebracht:

Erfolgreich lernen

- Gestalten Sie Ihr Lernen (ziel)bewusst: Warum lernen Sie, was wollen Sie erreichen? Machen Sie sich Ihr(e) Motiv(e) und Ihr(e) Ziel(e)bewusst.
- Halten Sie Ihre Motivation aufrecht: Machen Sie sich nach jedem Lernschritt klar, was er Ihnen gebracht hat und belohnen Sie sich nach jedem erreichten Lernziel. Planen Sie diese Belohnungen vorher: „Wenn ich dieses Ziel erreicht habe, werde ich ..."
- Schalten Sie konkurrierende Motive während der Lernphasen aus: Klar, draußen scheint die Sonne und es wäre nett, jetzt ins Schwimmbad zu gehen... Denken Sie lieber daran, warum Sie jetzt hier sitzen und lernen!
- Arbeiten Sie ziel- und nicht tätigkeitsorientiert: Planen Sie Ihr Pensum in Lernschritten orientiert an Lernzielen. Wenn Sie Ihr Tagesziel erreicht haben – hören Sie auf!
- Planen Sie Ihr Lernpensum auch Ihrer persönlichen Leistungskurve entsprechend: Wann können Sie am besten lernen? Bleiben Sie bei diesen Zeiten. Machen Sie rechtzeitig Pause, bevor Ihre Leistungskurve zu stark absinkt.
- Ihre Lernumgebung sollte angenehm, störungsfrei und aufgeräumt (!) sein.
- Arbeiten Sie nicht stundenlang am gleichen Thema – das Gehirn braucht Abwechslung.
- Planen Sie regelmäßige Wiederholungen und Übungen mit Erfolgskontrollen ein. Spürbare, vielleicht sogar messbare Fortschritte ermutigen und motivieren.
- Wenn Sie gern im Team arbeiten, suchen Sie Lernpartner. Motivieren Sie sich gegenseitig.
- Denken Sie nicht immer daran, wie anstrengend alles ist – denken Sie an Ihr Ziel, dem Sie immer näher kommen.

5.2 Loslassen – vom Umgang mit Stress

„Ich bin arbeitswütig und liebe den Stress. In der Bademodenabteilung eines Kaufhauses bin ich zusammengebrochen, weil es dort so ruhig war."
Elke Heidenreich

Machen wir uns nichts vor: Stress gehört als normale Reaktion unseres Körpers untrennbar zu unserem Leben dazu. Ein gewisses Maß an Stress darf, muss sogar sein! Kurzfristige Anspannung bringt Körper und Geist in Schwung.
Wann aber werden Belastungen und Herausforderungen zu negativen Stress, sog. Distress? Kurz gefasst, immer dann, wenn Anforderungen größer sind als die persönlichen Ressourcen, z.B. Zeit, Wissen, Fertig- und Fähigkeiten, Erfahrungen:

- permanente Anspannung ohne Zeit für Erholungspausen,
- eine Situation, die ich nicht kenne,
- eine Aufgabe, an der ich schon einmal gescheitert bin
- oder noch anderes, je nach persönlicher Disposition.

Stress ist also die individuelle Reaktion auf die Anforderungen der Umwelt an eine Person.

Je nachdem, wie man seine Ressourcen und dementsprechend seine Handlungsmöglichkeiten beurteilt, wird Stress als negativ oder positiv erlebt und verarbeitet. Schätzt man seine Bewältigungsmöglichkeiten einer Situation als gering ein, fühlt man sich hilflos, machtlos, empfindet diese Situation als negativen Stress („Distress").
Glaubt man dagegen, mit der Herausforderung gut fertig werden zu können, freut man sich vielleicht sogar darauf, zeigen zu dürfen, was man kann, erlebt man die Situation als positiven Stress („Eustress").
Hierbei geht es keineswegs nur um große, aus dem Alltag herausragende Ereignisse – gerade der Alltagskram, all die täglichen „Nickeligkeiten" stressen uns oft viel mehr.

Was kann man tun?

Auch wenn Stress zum Leben dazugehört: Man kann nicht immer nur Druck machen – genauso wie es Phasen der Aktion gibt, muss es Phasen der Entspannung geben – sie dienen der Erholung, der Reflexion und der Gewinnung neuer Energie. Fehlen diese Pausen, merken wir es sehr schnell: Geistig, seelisch und körperlich. Deshalb:

> Lernen Sie, loszulassen!

Das setzt allerdings voraus, dass Sie wissen, was Sie stresst, wie sich Stress auf Sie auswirkt – und dass Sie ein dementsprechendes individuelles Programm zur Stressbewältigung entwickeln – und anwenden.
Die meisten von uns geben auf Nachfragen zu, sie seien gestresst – dagegen etwas unternehmen tut man jedoch eher nicht. „Irgendwann" wird es ja auch wieder besser …
Oder auch nicht – lassen Sie es nicht so weit kommen.

> Erfolgreiche Menschen setzen ihre Energie richtig ein, lernen, mit Anspannung umzugehen – aber eben auch, loszulassen und sich zu erholen, neue Kraft zu gewinnen.

Beschäftigen wir uns zunächst damit, was in unserem Körper geschieht, wenn es stressig wird.

Die Stress-Reaktion

Innerhalb von Sekundenbruchteilen werden ganz außerordentliche Vorgänge ausgelöst, es kommt zu einer Bereitstellung und Entfaltung von Energie, die uns zu außerordentlichen Leistungen befähigt (siehe folgende Magazinseite).
Diese physiologische und psychologische Stress-Reaktion ist ein fest installiertes Programm unseres Körpers und diente ursprünglich der Lebenserhaltung – nämlich durch einen bei Bedrohung reflexhaft ausgelösten Angriffs- oder Fluchtmechanismus („Fight-or-flight"). Im Moment, wo Gefahr droht, kommt es zur Stress-Reaktion und wir können die dadurch bereitgestellte Energie nutzen, um diese Situation zu bewältigen.

Die Stress-Reaktion

Gehirn
Das Schmerzempfinden wird abgeschwächt, das Denk- und Erinnerungsvermögen (zur nachträglichen Bewältigung der Stress-Situation) wird geschärft

Herz
Puls und Blutdruck steigen, es werden zusätzlich Sauerstoff und Glukose "bereitgestellt"

Lungen
Die Bronchien dehnen sich, die Atmung wird schneller: erhöhte Sauerstoffaufnahme

Leber
Gespeicherter Zucker (Glykogen) wird in Glukose umgewandelt: Treibstoff für die Muskelzellen

Nebennieren
Die Produktion sog. „Katecholamine“ wird verstärkt - „Angriff-oder-Flucht“-Hormone

Milz
Es findet ein erhöhter Ausstoß von gespeicherten roten Blutkörperchen statt – um mehr Sauerstoff zu den Muskeln transportieren zu können

Augen

Die Pupillen weiten sich: Wir sehen der Gefahr „ins Auge“...

Haare

Die Körperhaare richten sich auf, wir bekommen „Gänsehaut“ - bei entsprechend starker Körperbehaarung wirkten unsere Vorfahren so größer und abschreckender auf ihre Gegner. Klappt heute nur selten...

Muskeln

Die Blutgefäße der großen Muskeln weiten sich - für eine bessere Energieversorgung

Darm und Harnblase

Die Verdauung setzt aus (das bekannte „flaue Gefühl im Bauch“) - die eingesparte Energie wird den Muskeln zugeführt

Blut

Die Blutungsneigung nimmt ab, die Blutgerinnung nimmt zu – das kann bei möglichen Verletzungen in der Stress-Situation lebensrettend sein

Wir müssen zwar, anders als unsere Vorfahren, nicht mehr mit wilden Tieren kämpfen (oder vor ihnen flüchten), Stress auslösende Situationen gibt es aber auch in unserem Alltag: Wir müssen auf der Autobahn einem ausscherenden LKW ausweichen und eine Vollbremsung machen, wir werden in einer Besprechung unfair angegriffen und müssen uns verteidigen, usw. Auf eine solche Stress-Reaktion folgt idealerweise eine Erholungspause, in der wir die Stress auslösende Situation verarbeiten können und neue Kräfte sammeln. Fehlen diese Pausen, werden wir permanent gefordert, ohne uns entspannen zu können, reagieren wir auf diese Dauerbelastung mit Erschöpfung und Leistungsabfall.

Die Stress-Auslöser: Stressoren

Interessant und wichtig für die persönliche Stress-Analyse und Stress-Bewältigung ist, dass wir alle auf die Stress-Auslöser, die sog. „Stressoren" unterschiedlich reagieren: Was den einen fertig macht, lässt den anderen völlig kalt.
Führen Sie also Ihre persönliche Stressanalyse durch, um Anknüpfungspunkte zur Stressvermeidung und -bewältigung zu finden. –

Übung

Stressanalyse

1. Welche „Stressoren" belasten Sie zurzeit wie stark?
2. Füllen Sie den nebenstehenden Fragebogen aus.
3. Ergänzen Sie die Liste der Stressoren mit weiteren, eigenen Beispielen.

Fragebogen: Meine persönlichen Stress-Auslöser

Stressor	geringe	mittlere Belastung	hohe
Hektik			
Zeitmangel			
Verkehrsstau			
Wartezeiten			
Verantwortung			
Erfolgsdruck			
Konkurrenzkampf			
Hilflosigkeit			
Ängste			
Konflikte am Arbeitsplatz			
Probleme in der Familie			
Partnerschaftsprobleme			
Finanzielle Belastungen			
Reizüberflutung			
Lärm			
Monotonie			
ungewohnter Tagesablauf			
Schlafmangel			
Rauchen			
Alkohol			
Ungesunde Ernährung			
Bewegungsmangel			
Schmerzen			
Krankheit			
Krankheitsfall in der Familie			
Trennung von vertrauten Personen			

eigene Beispiele:

Was lässt sich gegen Stressoren tun?

1. Stressoren sortieren

Nachdem Sie Ihre individuellen Stressauslöser ermittelt haben, überprüfen Sie im nächsten Schritt alle Stressoren, die Sie belasten, darauf, ob Sie sie ausschalten oder aber zumindest reduzieren können.

2. Verändern, was man in der Hand hat

Es gibt Stressoren, die Sie selbst in der Hand haben: Zeitliche Stressoren wie Zeitmangel, Hektik etc. bekommen Sie durch ein effektives Zeitmanagement in den Griff; Stressoren, die durch ungesunde Lebensweise (Bewegungsmangel, Rauchen etc.) entstehen, sind ebenfalls minimierbar.
Welche Ihrer Stressoren können Sie gezielt angehen, vielleicht mithilfe und Unterstützung von anderen?

3. Belastungsempfindung mindern

Schwieriger wird es bei Stressoren, die Sie wenig bis gar nicht beeinflussen können. Dazu gehören z.B. Krankheiten (eigene und Krankheitsfälle in der Familie, bei Freunden), Trennungen, aber auch so simple Dinge wie ein Verkehrsstau.
Versuchen Sie, die Bewertung solcher unbeeinflussbar erscheinender Stressfaktoren zu verändern – führen Sie positive Selbstgespräche, um sich zu ermutigen, suchen Sie Unterstützung durch andere (Freunde, Selbsthilfegruppen), gewinnen Sie einfach Abstand durch Ablenkung (Ein einfaches Beispiel: Statt im Verkehrsstau zu toben – was definitiv nichts nützt – lenken Sie sich ab, indem Sie Musik hören, die anderen „Stauteilnehmer“ – beim Toben – beobachten etc.).

4. Belastbarkeit erhöhen

Wichtig ist auch, die eigene Belastbarkeit zu erhöhen: Durch eine gesunde Lebensweise mit ausreichend Schlaf und Bewegung, durch Dinge, die Ihnen viel Spaß und Genuss bringen, durch Zeit für Entspannung.

Besonders stressanfällige Persönlichkeitstypen
(nach Stroebe, 1998)

- „Hektiker“: Sie treiben sich (und alle anderen) permanent an: „Höher, schneller, weiter!“
- „Perfektionisten“: 100% Leistung sind zu wenig: „Es muss doch noch etwas besser gehen.“
- „Geltungssüchtige“: Stark ausgeprägtes Konkurrenzdenken: „ICH bin der/die Beste hier und das werde ich beweisen – egal, was es mich kostet!“
- „Pessimisten“: Hohe Misserfolgserwartung: „Das geht doch sowieso schief!“
- „Unbewegte“: Kontrollieren ihre Emotionen zwanghaft und müssen sich immer „beherrschen“: „Zähne zusammenbeißen!“
- „Frustrierte“: Haben ein sehr geringes Selbstwertgefühl und geben schnell auf: „Hat doch alles keinen Zweck, das schaffe ich eh' nicht...“

Erkennen Sie sich wieder?

Je nachdem, welcher Stresstyp Sie sind, werden Sie bestimmte Stressoren stärker belasten als andere – und Sie werden bestimmte physische und psychische Reaktionen zeigen.
Versuchen Sie, Ihre persönlichen Sicht- und Verhaltensweisen zu ändern: Müssen Sie wirklich immer perfekt sein? Müssen Sie immer besser sein als andere? Müssen Sie sich immer beherrschen und kontrollieren?...
Lassen Sie mal locker!

Was lässt sich gegen Reaktionen auf Stress tun?

Nicht nur die Stress-Auslöser, die Stressoren, werden sehr unterschiedlich empfunden – auch die Reaktionen auf Stress sind individuell. Generell können diese Reaktionen auf verschiedenen Ebenen stattfinden:

- auf der motorischen Ebene – typische Reaktionen sind Verspannungs- und Bewegungsschmerzen (Nacken-, Schulter-, Rückenschmerzen), Muskelzucken, Krämpfe, etc.;
- auf der vegetativen Ebene – z.B. Schwitzen, trockener Mund, Kloß im Hals, Herzklopfen, Schlafstörungen;
- auf der kognitiven Ebene – schlecht zuhören können, Ängste, Konzentrationsstörungen, Gedächtnisprobleme/-blockaden („Blackout"), etc.

Was Sie gegen Stress-Reaktionen tun können

Das hängt von den Symptomen ab – welche zeigen Sie, wenn es stressig wird? Reagieren Sie vor allem...

- *...auf der motorischen Ebene?*
  Dann sind alle Entspannungstechniken, die die Anspannung in den Muskeln lösen, ideal für Sie, z.B. die Progressive Muskelrelaxation nach Jacobson.
- *...auf der vegetativen Ebene?*
  Probieren Sie unbedingt mal Autogenes Training aus.
- *...auf der kognitiven Ebene?*
  Konzentrations- oder Imaginationstechniken, Meditation wäre was für Sie.

(Einen ausführlichen Fragebogen finden Sie bei Crisand, Lyon: Anti-Stress-Training, 1998)

Überall dort, wo Sie nicht direkt an den Stress-Auslösern, den Stressoren ansetzen können, können Sie mit den passenden Entspannungstechniken Ihre Reaktion auf Stress, Ihre Erregung kontrollieren und reduzieren, außerdem erholen Sie sich schneller.
Tun Sie dagegen nichts, müssen Sie mit langfristigen Konsequenzen rechnen: Schlaf- und Verdauungsstörungen, Rücken- und Kopfschmerzen, bis hin zum sog. „Burn-out", einem extremen physischen und psychischen Erschöpfungszustand, der sich langsam, nach einer langen Zeit von andauerndem Stress

entwickelt und letztlich persönliche Einstellungen und Verhalten beeinflusst und beeinträchtigt.

Bauen Sie also am besten regelmäßige Entspannungsphasen in Ihrem Leben ein – in stressigen Situationen, aber auch zur Vorbeugung.

Lernen Sie Techniken, mit denen Sie oft in wenigen Minuten Ihre Anspannung verringern und neue Energie gewinnen können. Blättern Sie durch die Programme Ihrer örtlichen Weiterbildungsinstitute und suchen Sie sich etwas aus – das Angebot ist groß.

Nutzen Sie neben diesen Techniken aber auch die Entspannung „durch Nichtstun", Übungen, bei denen Sie wirklich nichts tun müssen – außer faul und passiv sein...

Entspannung durch Nichtstun

„Nichts erfordert mehr Geist,
als nichts zu tun zu haben und trotzdem nichts zu tun."
Karl Heinrich Waggerl

Hier einige einfache Entspannungsübungen:

1. Wie wäre es beispielsweise mal mit „Entspannungsbaumeln"?
   Setzen Sie sich dazu verkehrt herum auf einen Stuhl mit nicht zu hoher und nicht zu harter Rückenlehne. Beugen Sie nun Ihren Oberkörper vor und lassen Sie Kopf und Arme über der Lehne baumeln. Stellen Sie sich vor, wie mit jedem Ausatmen die Spannung Ihren Körper verlässt, mit jedem Einatmen die Entspannung tiefer und angenehmer wird... Machen Sie diese Übung, solange Sie sie mögen und sie Ihnen gut tut. Wenn Sie wieder aufgestanden sind, recken und strecken Sie sich kräftig, um wieder in Schwung zu kommen.

2. Eine schöne Übung für zwischendurch, mit der Sie entspannen und neue Energie tanken können, ist der „Schlüsselschlaf“:
   Nehmen Sie so auf einem Stuhl oder Sessel Platz, dass Sie bequem und stabil sitzen, am besten in der so genannten „Droschkenkutscherhaltung“: Ihre Unterarme liegen auf den Oberschenkeln, die Beine sind leicht gespreizt, die Hände baumeln entspannt zwischen den Beinen. Ihr Oberkörper ist leicht vornüber geneigt. In den Händen halten Sie einen Schlüsselbund o.Ä.
   Schließen Sie nun die Augen, atmen Sie ruhig und gleichmäßig und versuchen Sie Ihren Körper völlig zu entspannen. Wenn das passiert, lässt auch die Spannung in Ihren Händen nach – Sie können den Schlüssel nicht mehr festhalten, er fällt zu Boden und Sie werden automatisch „geweckt“.

3. Nutzen Sie auch Ihre Fantasie und Ihre Vorstellungskraft für Ihre Entspannung. Denken Sie an ein sog. „Ruhebild“: Nehmen Sie sich ein paar Minuten Zeit und sorgen Sie dafür, dass Sie nicht gestört werden – schließen Sie die Tür ab, schalten Sie den Anrufbeantworter ein oder hängen Sie das Telefon aus, etc. Stellen Sie sich dann einen Ort vor, an dem Sie sich ruhig, sicher und geborgen fühlen. Dieser Ort kann real sein oder Ihrer Fantasie entspringen. Versuchen Sie, sich diesen Ort in allen schönen Einzelheiten auszumalen, ihn mit all Ihren Sinnen zu erfassen: Farben zu sehen, Geräusche zu hören, Gerüche wahrzunehmen, Oberflächen zu fühlen. Wie wäre es z.B. mal mit einem schönen Spaziergang am Strand – blauer Himmel, Sonne, weicher Sand unter Ihren Füßen. Oder Sie stellen sich vor, wie Sie in einem wunderschönen Garten in einer Hängematte relaxen, oder... Was immer Sie entspannt und ruhig werden lässt, eignet sich für Ihr persönliches Ruhebild. Achten Sie dabei auf Ihre Atmung – atmen Sie ruhig und gleichmäßig.

4. Musik kann Ihnen ebenfalls helfen, sich zu entspannen: Wichtig ist, dass die entsprechenden Stücke vom Rhythmus her einem ruhigen, entspannten Herzschlag angepasst sind: etwa 60 Schläge pro Minute. Dem entsprechen langsame Musikstücke, z.B. aus dem Klassik-Bereich oder spezielle Entspannungsmusik. Egal, ob Sie diese Musik „nebenbei" hören oder sich darauf konzentrieren: Ihr Herzschlag passt sich dem gehörten Rhythmus an. Natürlich können Sie auch Entspannungstechniken wie das Ruhebild, Entspannungsbaumeln mit geeigneter Musik kombinieren.

5. Und hier noch eine einfache Atemübung:
   Atemübungen beruhigen Ihre Atmung (bei Hyperventilation, stressbedingter Atemnot) und können (z.B. vor Vorträgen) die Resonanz Ihrer Stimme, die Sprachmelodie und das Lungenvolumen verbessern. Diese Übungen entspannen, bringen Sauerstoff und damit Energie in den Körper. Wichtig: Lüften Sie den Raum, in dem Sie die Atemübungen durchführen, gut durch oder führen Sie Übungen am geöffneten Fenster durch.
   Das Atmen zählen – diese Übung ist besonders schön, weil Sie hier gleich eine quasi „eingebaute" Erfolgskontrolle haben. Zählen Sie Ihre Atemzüge von 1 bis 10 und beginnen Sie dann wieder von vorn: 1 = einatmen – 2 = ausatmen – 3 = einatmen usw.

   Falls sich störende Gedanken einschleichen („Oh Gott, mir ist ganz komisch, ich bin sooo nervös...") und Sie in Ihrer Konzentration auf das Atmen unterbrechen, beginnen Sie von vorn. Erst, wenn es Ihnen gut gelingt, Ihre Atmung zu beobachten, lassen Sie das Zählen weg und konzentrieren sich nur noch auf Ihren Atemstrom – dann haben Sie es nämlich geschafft, sich von der Stress auslösenden Situation zu distanzieren und Sie werden spüren, wie Sie ruhiger werden.

5.3 Burn-out

„Ich wollte alles immer besonders gut machen, alles sollte perfekt sein." „Ich war einfach nur noch völlig fertig, ausgelaugt und ohne jede Kraft." „Am liebsten hätte ich mich irgendwo verkrochen – da, wo mich niemand finden konnte."

So oder ähnlich berichten Menschen, die von Burn-out betroffen waren. Aber was ist das überhaupt: Burn-out? Wörtlich übersetzt heißt es „ausgebrannt" und bezeichnet einen Zustand der totalen körperlichen, geistigen und seelischen Erschöpfung – in seiner Komplexität wie auch Gefährlichkeit nicht mit einer „normalen" Erschöpfung nach anstrengenden Phasen vergleichbar.

Ausgelöst wird Burn-out in der Regel durch sehr starken und lang anhaltenden Stress, der sowohl durch äußere wie innere Faktoren entsteht. Typisch ist, dass die Betroffenen keine konkreten Bewältigungs- und Besserungsmöglichkeiten sehen und sich immer hilfloser fühlen. Die negativen Veränderungen der Gefühls- wie Lebenswelt werden ignoriert und verdrängt. Oft versucht man sogar, durch erhöhte Anstrengung und „Disziplin" die Situation wieder in den Griff zu bekommen – ein Konzept, das Paul Watzlawick (in seinem Buch „Anleitung zum Unglücklichsein") „mehr desselben" nennt: Man macht so weiter wie bisher, nur mit verstärkter Intensität, was zwangsläufig scheitern muss.

Die typischen Symptome eines Burn-outs

Typische Symptome sind sowohl körperlich als auch psychisch: chronische Müdigkeit, Erschöpfung, Schlafstörungen, erhöhte Infektanfälligkeit, körperliche Beschwerden ohne objektivierbaren Grund (wie Rückenschmerzen, Magen- und Darmbeschwerden, Kopfschmerzen), überhöhte Erregbarkeit, Gereiztheit, erhöhte oder ungewohnte Ängstlichkeit, Überforderungsgefühle, Stimmungslabilität etc.

Burn-out (oder das Burn-out-Syndrom) ist in Deutschland noch nicht als eigenständige Krankheit von den Kassen anerkannt. Daher wird meist noch eine weitere Diagnose gestellt, z.B. Depression oder Angsterkrankungen.

Wer ist gefährdet?

Es gibt bisher nur wenig Zahlenmaterial, das verlässlich Auskunft über die Anzahl an Burn-out-Fällen gibt. Nach Schätzungen werden in der Zukunft etwa 15–25 % aller Erwerbstätigen einmal in ihrem Berufsleben vom Burn-out betroffen sein.

Bestimmte Berufsgruppen scheint der Burn-out überproportional häufig zu treffen: Lehrer(innen), Jurist(inn)en, Sozialarbeiter(innen), Ärzte/Ärztinnen, Pflegekräfte – also vor allem Menschen, die in sozialen oder helfenden Berufen tätig sind. Aber auch wenn Tätigkeiten und Aufgaben sehr komplex sind und in der Regel unter Zeitdruck erledigt werden müssen, kann dies zum Burn-out führen. Dies betrifft Führungskräfte, aber auch Mütter, die ja permanent mehrere Dinge nahezu gleichzeitig erledigen müssen – umso mehr, wenn sie zusätzlich zur Arbeit in der Familie noch erwerbstätig und/oder allein erziehend sind.

Es sind also zum einen äußere Faktoren, z.B. die Situation auf dem Arbeitsmarkt mit den daraus resultierenden Ängsten um den eigenen Arbeitsplatz, wirtschaftlicher Druck, der auf fast allen Unternehmen liegt und für Führungskräfte wie Arbeitnehmer spürbar ist, körperlich belastende Nacht- und Schichtarbeit, hohe Verantwortung, Zeitdruck, die Informationsflut, die tagtäglich zu bewältigen ist – all das sorgt dafür, dass sich der Druck erhöht.
Aber auch innere Faktoren spielen eine Rolle: Vom Burn-out betroffen sind meist Menschen, die sehr hohe Erwartungen an sich selbst stellen, ehrgeizig, pflichtbewusst, gewissenhaft, oft auch perfektionistisch sind – und sich so unter starken Erfolgs-

druck setzen. Die Ursachen dafür liegen häufig schon in Kindheit und Jugend: Man hat die Botschaft bekommen, dass man nicht einfach wegen seiner Persönlichkeit, sondern vor allem bei entsprechender Leistung anerkannt und geliebt wird. Diese Menschen neigen dementsprechend auch später dazu, alles zu tun, um Leistung zu zeigen, erfolgreich zu sein. Dazu müssen sie ihre persönlichen Ressourcen wie Energie, Zeit etc. extrem ausbeuten – genau das Gegenteil also von klugem Selbstmanagement. Wenn dann auch noch das hohe Engagement und die großen Erwartungen im grauen Alltag scheitern – manchmal wohl scheitern müssen –, ist die daraus resultierende Belastung enorm.

> Einzelne Faktoren allein – ein schwieriger, anstrengender Beruf, Zeitdruck, ein gewisser Ehrgeiz etc. – müssen noch nicht zum Burn-out führen. Mehrere Faktoren zusammen aber über einen längeren Zeitraum hinweg können dies sehr wohl.

Phasen des Burn-outs

Bis hin zum völligen „Ausgebranntsein" ist es ein langsamer, schleichender Prozess – und häufig wird erst viel zu spät realisiert, was passiert. Woran aber kann ich erkennen, ob ich mich bereits in diesem Prozess befinde, wie merke ich, was falsch läuft und was ich – je eher, desto besser – ändern kann?

Im folgenden Phasenmodell von Freudenberger und North (vgl. Freudenberger/North 1997, S. 121 ff.) ist die gefährliche Abwärtsspirale des Burn-out sehr differenziert dargestellt. Reflektieren Sie anhand dieses Modells Ihre Lebenssituation, aber auch die von Menschen, die Ihnen wichtig sind – und vielleicht Ihre Hilfe brauchen. Wenn Sie feststellen, dass Sie (oder andere) bereits im Burn-out-Prozess stecken: Suchen Sie sich kompetente Hilfe und Unterstützung, z.B. bei einem Arzt/einer Ärztin Ihres Vertrauens, um die ersten Schritte zur Besserung einzuleiten.

- **Phase 1 – Leistungszwang**: Den Willen, sich selbst zu beweisen, kennen viele von uns. Er ist ein starker Motivator und kann durchaus positive Auswirkungen haben. Hier ist aber mehr gemeint, ein regelrechter Zwang: Man stellt überhöhte Erwartungen an sich, will den Erfolg unbedingt und um jeden Preis. Eine realistische Selbsteinschätzung, das Erkennen individueller Ressourcen fehlt, eigene Grenzen werden nicht akzeptiert.

- **Phase 2 – Überaktivität**: Man arbeitet weitaus mehr als üblich, der „12-Stunden-Tag" ist eher die Regel als die Ausnahme. Typisch ist das Fehlen von Delegation, man macht lieber alles selbst, denn „man kann es schließlich besser als alle anderen, die würden sich bestimmt nicht so viel Mühe geben". So erhält man sich das Gefühl der Unentbehrlichkeit. Der erhöhte Einsatz wird sich selbst und anderen positiv verkauft: Man tut das alles ja nur, weil man eben ein hohes Verantwortungsgefühl hat, besonders gewissenhaft, konsequent, engagiert ist ...

- **Phase 3 – Vernachlässigung**: Die Ressourcen Zeit und Energie werden massiv ausgebeutet: Arbeit wird abends oder am Wochenende mitgenommen oder im Urlaub wird „durchgearbeitet", statt sich Erholungs- und Ruhephasen zu gönnen. Dinge, die früher üblich waren und Spaß gemacht haben, fallen weitgehend flach: Sport treiben, ins Kino gehen, ein spannendes Buch lesen, telefonieren mit der besten Freundin, mit dem besten Freund – man hat einfach keine Zeit mehr. Eigene Bedürfnisse werden ebenso vernachlässigt wie die von Familie, Partner, Freunden.

- **Phase 4 – Verdrängung**: In dieser Phase merkt man, dass es so im Grunde nicht geht: Man nimmt wahr, dass man sich schon länger nicht mehr so richtig wohl fühlt, und fragt sich, wann man eigentlich das letzte Mal morgens erholt und ausgeruht aufgestanden ist. Häufig werden aber solche

Gedanken verdrängt, statt sich dem Konflikt zu stellen und das eigene Verhalten zu analysieren und zu verändern: „Demnächst" (gleich nach diesem Auftrag ..., wenn ich endlich Urlaub nehmen kann ... etc.) wird ja alles wieder besser – obwohl man insgeheim genau weiß, dass es das nicht wird. Auch die besorgten Ratschläge anderer werden weggeschoben, man will sie nicht hören – am liebsten hätte man einfach nur seine Ruhe.

- **Phase 5 – Verschiebung von Werten**: Bislang wichtige Werte und Ziele ändern sich, Prioritäten verschieben sich. Spaß, Erholung, Familienleben – das war gestern. Braucht man diese Dinge, die einem früher wichtig waren, überhaupt noch so notwendig? Typisch für diese Phase ist eine gewisse Verwirrung und Desorientiertheit – man wird sich selbst fremd.

- **Phase 6 – Verleugnung von Problemen**: Die Quittung für bisheriges Verhalten erfolgt spätestens jetzt in Form von dauerhafter Erschöpfung – ein normales Wochenende ohne Arbeit, zwei Wochen Urlaub reichen bei weitem nicht mehr aus, um sich zu regenerieren – und dementsprechend deutlichem Leistungsabfall. Körperliche Beschwerden treten massiv auf und werden verdrängt und verleugnet. Die fehlende Energie führt dazu, dass man sich abkapselt und keine Freude mehr am Kontakt mit anderen hat, man fängt an, sich zu isolieren. Aufgrund der eigenen emotionalen Erstarrung ist die Einstellung gegenüber anderen oft durch Intoleranz, Ablehnung, mangelnde Hilfsbereitschaft, Ungeduld und sogar aggressive, zynische Abwertung geprägt, nach dem Motto: „Alles nur Idioten!" Man reagiert zunehmend abgestumpft, tiefe Gefühle werden selten.

- **Phase 7 – Endgültiger Rückzug**: Was in der vorhergehenden Phase begann, verfestigt sich jetzt: Das bisherige soziale Netz – Partner, Freunde, Kollegen, Bekannte – wird als störend bis feindselig erlebt, man fühlt sich „außen vor“, erlebt bisher vertraute Menschen innerlich distanziert. Alles, was man im Alltag tut, ist nur noch Form ohne Inhalt: Kommunikation dient lediglich der Weitergabe von Sachinhalten, man teilt sich nicht mehr wirklich mit. Bedürfnisbefriedigung wie Essen, Trinken oder sogar Sex wird quasi „auf Autopilot“ erledigt – ohne Freude oder Genuss. Enttäuschung, Orientierungs- und Hoffnungslosigkeit sind die beherrschenden Gefühle dieser Phase.

- **Phase 8 – Deutliche Verhaltensänderungen**: Mittlerweile hat auch die Umwelt das deutlich veränderte Verhalten registriert und versucht häufig ratgebend und korrigierend einzugreifen. Obwohl man sich zwar Zuwendung wünscht und erhofft, wird sie in dieser Phase meist als ablehnende Kritik, als Angriff missdeutet und gefürchtet. Ergebnis: Man zieht sich weiter zurück, ist nicht erreichbar, geht nicht mehr ans Telefon, beantwortet keine E-Mails etc. Oder man reagiert mit Ausflüchten, Rechtfertigungen, Ärger. Es kann es sogar zu paranoiden Reaktionen kommen: Man ist davon überzeugt, dass einen ja sowieso niemand mag.

- **Phase 9 – Depersonalisierung**: Man hat zunehmend das Gefühl, nicht mehr man selbst zu sein, den Kontakt zu sich zu verlieren. Der eigene Körper, die eigenen Gefühle und Bedürfnisse werden verleugnet, sind einem fremd geworden – genauso wie die anderer Menschen. Man funktioniert nur noch automatisch, auf die reine Gegenwart begrenzt, hat keine Wünsche oder Pläne für die Zukunft. Das Leben kommt einem sinnlos vor, häufig sucht man die Flucht in Alkohol, Tabletten, Drogen oder belanglose Affären.

- **Phase 10 – Innere Leere**: Depersonalisierung hinterlässt ein Gefühl der inneren Leere, man fühlt sich wie ausgehöhlt, nur noch auf die äußere Hülle begrenzt, mutlos, innerlich ausgezehrt und nutzlos. Diese Leere versucht man zu füllen, beispielsweise durch zum Teil massive und exzessive Ersatzbefriedigungen wie übermäßiges Essen, Alkohol, Drogen. Andere leiden in dieser Phase unter Phobien und Panikattacken.

- **Phase 11 – Depression**: In dieser Phase bringen auch Ersatzbefriedigungen keinen kurzfristigen „Kick" mehr. Man ist zutiefst verzweifelt, depressiv und erschöpft, möchte aus diesem Leben fliehen, am besten gar nicht mehr existieren. Suizidgedanken tauchen auf.

- **Phase 12 – Völliger Burn-out**: Das ist die völlige geistige, seelische und körperliche Erschöpfung – ein Zustand, der lebensbedrohlich sein kann.

Wichtig: Einzelne der hier beschriebenen Symptome können durchaus „normale" Reaktionen auf den oft stressigen Alltag sein. Beobachten Sie Intensität und Dauer der gefühlten Symptome genau: Wie stark sind sie, wie lang halten sie an?

Was kann man tun? – Therapie und Vorbeugung

Wir sind dem Burn-out nicht hilflos ausgeliefert, es gibt einiges, was wir tun können, einerseits zur Therapie, wenn wir uns bereits in dem Prozess befinden, andererseits aber auch zur Vorbeugung, z.B. wenn wir zu den gefährdeten Personengruppen gehören:

- Psychotherapie (als Gruppen- oder Einzeltherapie) ist vor allem unbedingt dann empfehlenswert, wenn man sich bereits im fortgeschrittenen Burn-out-Stadium befindet – sprechen Sie hierüber mit dem Arzt oder der Ärztin Ihres Vertrauens.
- Methoden und Techniken der aktiven wie passiven Stressbewältigung helfen ebenfalls, in den ersten Phasen des Burn-out-Zyklus reichen sie oft aus.

Aktive und passive Stressbewältigung

Zur aktiven Stressbewältigung gehören alle Techniken, die uns helfen, unsere Arbeit und unseren gesamten Alltag effizienter zu strukturieren und damit effektiver zu bewältigen; das Übel wird quasi „an der Wurzel gepackt", das bedeutet im Einzelnen: Prioritäten setzen, delegieren, das „Nein"-Sagen lernen, Ballast abwerfen etc. – Dinge, die im Kapitel „O" wie „Organisation und Ordnung" dieses Buches beschrieben sind.

Passive Stressbewältigung ist alles, was hilft, um nach anstrengenden Phasen abzuschalten und den „Akku" wieder aufzuladen: Dazu zählen Entspannungstechniken und auch die Änderung des eigenen Verhaltens, beispielsweise sich mehr Zeit für Spaß und Hobbys, für die Familie nehmen etc. Einiges dazu haben Sie ja bereits im vorangegangenen Kapitel gelesen.

- „Work-Life-Balance" – das ist nicht nur ein Modewort unserer Zeit. Sorgen Sie dafür, dass Ihr Leben – Arbeit und Freizeit, Pflicht und Vergnügen, etwas für sich selbst und etwas gemeinsam mit anderen tun etc. – in der Balance ist. Gerade, wenn Sie zu den Menschen gehören, die vom Burn-out betroffen oder latent gefährdet sind: Entwickeln Sie Achtsamkeit für Ihre körperlichen und seelisch-geistigen Bedürfnisse. Eine Analyse Ihrer momentanen Lebenssituation kann der Anfang sein: Wie fühlt sich mein Leben an? Wie glücklich bin ich? Gibt es Wünsche und Bedürfnisse, die zur Zeit zu kurz kommen? Was fehlt mir zu meinem Glück?

  Unser Lebensglück ist nichts, was wir dem Zufall überlassen sollten.

Lesen Sie im nächsten Kapitel, was Sie tun können, um glücklich(er) zu sein.

Auf den Punkt gebracht:

- Stress gehört zum Leben – er ist eine normale und notwendige Reaktion unseres Körpers.

- Ob Stress positiv („Eustress") oder negativ („Distress") empfunden wird, hängt davon ab, wie wir die Bewältigungsmöglichkeiten der jeweiligen Situation einschätzen – und ob wir genügend Zeit für Erholungspausen zwischen den Anforderungssituationen haben.

- Eine effektive Stressbewältigung setzt eine individuelle Stress-Analyse voraus: Was stresst mich, wie reagiere ich darauf und was kann ich dagegen tun?

- Vermeiden Sie die klassischen Stress-Fallen:
  - Sie müssen nicht alles immer schneller machen – nehmen Sie sich Zeit für Ihre Aufgaben.
  - Sie müssen nicht alles allein erledigen – geben Sie auch mal was ab, bitten Sie um Hilfe und Unterstützung. das ist kein Zeichen von Schwäche!
  - Sie müssen nicht dauernd perfekt sein – ein Fehler bedeutet nicht das Ende der Welt.
  - Sie müssen es nicht allen recht machen – Nein-sagen ist erlaubt.
  - Sie müssen nicht permanent unter Druck stehen – lassen Sie auch mal los und entspannen Sie sich.

- „Es ist Zeit, sich zu entspannen, wenn man eigentlich keine Zeit dafür hat." (Sydney J. Harris)

- Es gibt eine Vielzahl von wirksamen und leicht erlernbaren Entspannungstechniken – wann fangen Sie an?

6 G wie Glück und Genießen

6.1 Glück

„Sich glücklich fühlen können,
auch ohne Glück – das ist Glück."
Marie von Ebner-Eschenbach

Was ist „Glück" und wie wird man glücklich?

Glücklich sein – das kann man doch nicht lernen!
Glück hat man oder eben nicht. Es gibt Menschen, die haben dauernd Glück – Glückspilze eben. Und andere haben dauernd Pech – Unglücksraben!
Ist das wirklich so?
Zunächst einmal müssen wir unterscheiden: „Glück haben" und „glücklich sein" – das sind zwei Paar Schuhe. In vielen anderen Sprachen werden diese beiden Zustände klar durch verschiedene Begriffe getrennt: In England heißt es „I'm lucky", wenn ich Glück habe, z.B. im Lotto gewinne. „I'm happy", bedeutet dagegen „Ich bin glücklich." Den Lottogewinn, den können wir nicht planmäßig herbeiführen, das ist klar.
Aber „happy" sein, das haben wir zu einem großen Teil selbst in der Hand. „Glück" ist nicht etwas, was einfach nur um uns herum passiert, auf das wir keinerlei Einfluss haben. Glück entsteht in uns und hängt interessanterweise nur zu einem geringen Teil von äußeren Faktoren wie Geld, Intelligenz etc. ab, sagt der Wissenschaftler Stefan Klein, der in seinem Buch „Die Glücksformel" (Reinbek bei Hamburg, 2002) die Entstehung dieses Gefühl erforscht hat.
Dies wird auch durch eine amerikanische Studie bestätigt, die von den Psychologen Ed Diener (University of Illinois) und Martin E. P. Seligman (University of Pennsylvania) durchgeführt wurde (Psychological Science 1/2002).

Studie von Diener und Seligman zum Glückspotenzial

Diener und Seligman erforschten das Glückspotenzial von Menschen, indem man diese nach einer Befragung über ihre momentane Lebenszufriedenheit, ihre Selbsteinschätzung sowie positive und negative Erinnerungen täglich über ihre Stimmungen Protokoll führen ließ. Zusätzlich wurde das soziale Umfeld mit Einschätzungen der Personen einbezogen. Außerdem wurden Lebensumstände, von denen man aus anderen Studien wusste, dass sie das Wohlbefinden beeinflussen (Einbettung in soziale Bezugssysteme, sportliche Aktivitäten etc.) untersucht. Mittels eines Punktesystems teilten die Forscher die Teilnehmer/innen in drei Kategorien auf: Neben den „Unglücklich-Unzufriedenen“ und den „einigermaßen Zufriedenen“ gab es eine etwa 10% der Teilnehmer/innen umfassende Gruppe von „wunschlos Glücklichen“.
Interessanterweise unterschied sich diese Gruppe der „wunschlos Glücklichen“, was die äußeren Lebensumstände anging, nicht von den beiden anderen Gruppen: Sie waren weder intelligenter, attraktiver oder wohlhabender, auch war ihr Tagesablauf nicht signifikant anders. Typisch war für diese Gruppe aber ein ausgeglichener Gefühlszustand und ein fest gewobenes soziales Netz. Das, kombiniert mit Persönlichkeitseigenschaften wie z.B. Aufgeschlossenheit ist dann auch für die beiden Forscher das „Glücksgeheimnis“ dieser Gruppe.

Glückliche Menschen, so die übereinstimmenden Erkenntnisse der Wissenschaft, sind kreativer, können Probleme leichter und besser lösen, sie sind optimistischer, Neuem gegenüber aufgeschlossener und aufmerksamer gegenüber anderen Menschen.
Glückliche Menschen werden schneller gesund als unglückliche, verbitterte – Glück stärkt offenbar unsere Abwehrkräfte.
Und: Glücklich zu werden, kann man lernen, es scheint verschiedene Bausteine zum Glücks zu geben. Machen Sie eine persönliche Bestandsaufnahme zum Thema „Glück“:

- Wie glücklich sind Sie mit Ihrem Leben?
- Haben sich Ihre Wünsche bisher erfüllt?
- Soll Ihr Leben im Wesentlichen so bleiben, wie es jetzt ist? Wenn nicht – was wollen Sie ändern?
- Wann waren Sie in den letzten 12 Monaten so richtig glücklich? Wie oft war das?

- Waren Sie vor fünf Jahren glücklicher als heute?
  Wenn ja, wissen Sie, woran es liegt?
- Was brauchen Sie zum Glücklichsein?
  Haben Sie es bereits?
- Was fehlt Ihnen noch zum Glück?
  Wissen Sie, wo und wie Sie es bekommen können?
- Wer ist der glücklichste Mensch, den Sie kennen?
  Warum, glauben Sie, ist er/sie so glücklich?
- Wen haben Sie zuletzt glücklich gemacht?

Bausteine des Glücks

Baustein 1 – das soziale Netz

Einer der grundlegenden Bausteine zum Glück ist die Einbettung in ein soziales Beziehungsgeflecht, ein festes Netz, das uns wie ein Trampolin auffängt und sanft abfedert, wenn es uns nicht gut geht und dafür sorgt, dass wir eine Basis und Schwung für neue Höhenflüge bekommen.
Die Menschen um uns herum, unsere Familie, unsere Freunde, Bekannte, Kollegen, Vorgesetzte etc. können eine wertvolle Ressource sein – sie geben uns Unterstützung, Hilfe, Trost, Wissen, Erfahrung und vieles mehr. Der britische Glücksforscher Prof. Dr. Michael Argyle ist nach seine Studien sogar der Auffassung, dass die wahrscheinlich größte Einzelursache des Glücks soziale Beziehungen sind.
Nehmen Sie sich also Zeit, Ihr soziales Netz zu weben und zu pflegen. Intensivieren Sie Ihre Bindungen zur Familie: Unternehmen Sie etwas gemeinsam, bauen Sie feste Rituale (z.B. gemeinsame Mahlzeiten, geneinsame Aktivitäten) ein, nehmen Sie sich ausreichend Zeit für Gespräche. Telefonieren Sie regelmäßig mit entfernteren Familienmitgliedern, besuchen Sie sich – und sorgen Sie dafür, dass Konflikte immer sofort angesprochen und bearbeitet werden. Gerade bei Menschen, die sich nur selten sehen, können Konflikte, die lange schwelen, sich ausbreiten und eskalieren. Die meisten von uns kennen

solche Beispiele: Verwandte, die seit Jahren nicht mehr miteinander sprechen auf Grund eines (oft banalen) Streits oder Missverständnisses.
Pflegen Sie auch Ihre Freundschaften: Sorgen Sie für regelmäßigen, möglichst direkten Kontakt und Austausch, halten Sie sich gegenseitig „auf dem Laufenden“, was Ihr Leben angeht. Einfühlungsvermögen, Interesse, Zuverlässigkeit und Respekt ist das, was wir uns wünschen – und was wir selbst zeigen sollten.
Was die Beziehungen zu Bekannten, Kollegen und Nachbarn angeht: Suchen Sie öfter die Gelegenheit zum (kurzen) Gespräch, achten Sie auf kleine Gesten. Ein freundlicher Gruß, ein Lob, ein Lächeln im Vorbeigehen, kleine, gegenseitige Gefallen gestalten Kontakte positiv.
Auch Beziehungen zu Organisationen, Institutionen im politischen, sozialen oder kulturellen Bereich gehören zum sozialen Netz.. Wo liegen Ihre Interessen? Welchen Institutionen messen Sie für Ihr Leben große Bedeutung zu, in welchen können und wollen Sie Einfluss nehmen: In der Schule Ihrer Kinder (Elternabende, Schulpflegschaft), in den politischen Gremien Ihrer Stadt, in Vereinen etc.?

Zu wenig Zeit für so etwas?
Nehmen Sie sich die Zeit – und sparen Sie sie woanders (z.B. beim Fernsehen) wieder ein. Die Zeit, die Sie in „Beziehungspflege“ investieren, bekommen Sie zurück – und zwar mit Zinsen. Diverse Studien haben gezeigt, dass soziale Kontakte sogar unsere Lebenserwartung stark beeinflussen.

Baustein 2 – Kontrolle negativer Emotionen

In der oben erwähnten amerikanischen Studie war ein typisches Merkmal der „wunschlos Glücklichen“ ihr ausgeglichener Gefühlszustand. In der Tat ist die Fähigkeit, mit Krisen und Konflikten konstruktiv umzugehen, negative Gefühle wie Wut, Trauer oder Angst kontrollieren zu können, ein weiterer Baustein zum Glück.

Häufig gehen wir davon aus, dass wir unsere negativen Gefühle einfach ausleben müssen, um sie zu bewältigen: „Wein dich mal richtig aus, dann geht es dir besser!“ „Wenn ich jetzt meine Wut nicht rauslasse, platze ich.“

> Dieser Gedanke einer Katharsis, einer Art seelischen Reinigung klingt vielleicht verlockend, falsch ist er (aus Sicht vieler Psychologen) trotzdem.

Es ist im Gegenteil sogar so, dass wir uns in unser Unglück erst richtig hineinsteigern, wenn wir diese negativen Gefühle ausleben. Natürlich kann man Wut, Angst und Trauer nicht einfach verdrängen, aber man kann sie kontrollieren. Man muss es sogar, denn extreme Emotionen, Gefühle, die zu intensiv werden, zu lange anhalten, gefährden unsere seelische Ausgeglichenheit, bedrohen unsere Stabilität – und damit unser Glück. Für Klein ist es daher eine Bedingung für „kluge Lebensführung“, seine Emotionen „wahrnehmen, steuern und voraussehen“ zu können (Klein, 2002, S. 87)

Bloß – wie geht das?

Selbststeuerung

Menschen mit hoher Selbststeuerung, so der amerikanische Psychologe Daniel Goleman, der durch seinen Bestseller „Emotionale Intelligenz“ international bekannt wurde, erleben die negativen Emotionen genauso wie andere – aber sie sind in der Lage, sie zu kontrollieren und zu kanalisieren, d.h. einen Weg zu finden, sie möglichst konstruktiv zu analysieren und zu verarbeiten.
Goleman schildert eine Situation, die viele von uns kennen: „Angenommen, Sie fahren auf der Autobahn und ein anderes Fahrzeug schneidet Sie in gefährlicher Weise. Wenn Sie reflexartig denken: ‘So ein Arschloch!’, kommt es für den Verlauf der Wut sehr darauf an, ob Sie sich anschließend weiteren Gedanken der Empörung und der Rache hingeben… Wenn dann ein

anderer Fahrer hinter Ihnen hupt, weil Sie Ihre Fahrt verlangsamt haben, könnten Sie vor Wut auch über diesen Fahrer in die Luft gehen. So kommt es zu Hypertonie, rücksichtslosem Fahren." (Goleman, 1999, S. 82)

Statt zuzulassen, dass die Wut mich beherrscht, kann ich aber auch meine Wut beherrschen – indem ich z.B. Nachsicht übe. Der Fahrer, der mich geschnitten hat, hatte es vielleicht besonders eilig (Vielleicht ist etwas Schlimmes passiert?), er hat mich möglicherweise nicht gesehen – es war jedenfalls nicht seine Absicht, mir zu schaden. Versuchen Sie, so zu denken, werden Sie merken, wie Ihre Wut langsam nachlässt, statt sich weiter zu steigern.

Wut ist, so Goleman, wohl die negative Emotion, die am schwersten unter Kontrolle zu bringen ist – auch, weil sie belebend, anfeuernd wirken kann. Wir sollten also nicht darüber nachgrübeln, was uns so wütend macht – dafür werden wir viele „gute" Gründe finden, was die Wut weiter anfacht. Wir sollten statt dessen Strategien anwenden, die die Wut, den Zorn abklingen lassen.

„Das größte Gegenmittel gegen den Zorn ist der Aufschub."
Lucius Annaeus Seneca

Schaffen Sie sich also diesen Aufschub: Wenn Sie z.B. mitten in einem erbitterten Streit stecken, brechen Sie ihn ab, statt ihn weiter eskalieren zu lassen, schlagen Sie vor, eine Auszeit zu nehmen.

> Ziehen Sie sich zurück, um sich abzukühlen, setzen Sie Entspannungsmethoden (z.B. Atemtechniken) ein, um Ihre Erregung zu kontrollieren, verschaffen Sie sich Bewegung, um den Kopf wieder klar zu bekommen etc..

Auch Humor hilft, er ist, wie der Schriftsteller Ringelnatz sagte, „der Knopf, der verhindert, dass uns der Kragen platzt." In so manchen „hochdramatischen" Situationen steckt einiges an Komik, können Sie mit – etwas Abstand – darüber (und über sich selbst) lächeln oder sogar lachen?

Erst, wenn wir den nötigen Abstand gewonnen haben, ruhiger geworden sind, dann können wir versuchen, den Streit konstruktiv zu bearbeiten, zu lösen.
Genauso verhält es sich mit anderen negativen Emotionen, wie Angst, Trauer, Enttäuschung etc.: Stellen Sie sich den Gefühlen, aber steigern Sie sich nicht hinein, schwelgen Sie nicht im Unglück. Lassen Sie die Emotionen abkühlen, bringen Sie Ihre Erregung unter Kontrolle, indem Sie sich ablenken – beschäftigen Sie sich mit einfachen Routineaufgaben, mit Dingen, die Spaß machen, vielleicht kleine Erfolgserlebnisse bringen. Bewegung hilft, sie lockert die angespannte Muskulatur und bringt auch das Gehirn wieder auf Trab. Wenn Sie merken, dass Sie ruhiger geworden sind, überlegen Sie, was Sie tun können: Gegen Enttäuschungen, Ängste, Selbstmitleid etc.

Baustein 3 – Das selbstbestimmte Leben

„Sich fügen zu müssen,
kann eine verheerende Erfahrung sein."
Bruce McEwen, amerik. Stressforscher

Glück ist auch, ein selbstbestimmtes und selbstverantwortliches Leben führen zu können. In den Glücksstatistiken liegen nicht die Länder vorn, in denen dauernd die Sonne scheint oder die Menschen besonders reich sind. Vielmehr liegen Länder wie Island, Dänemark, die Niederlande, Schweiz vorn – Länder, in denen es neben sozialen Strukturen, in denen sich die Menschen aufgehoben fühlen, auch ein hohes Maß an Selbstbestimmung für jeden Einzelnen gibt.
Selbstverantwortlich die Ziele des Lebens und den Weg dorthin bestimmen zu können (auch um den Preis, als „egoistisch" beschimpft zu werden), ist ein enormer Glücksfaktor. Gab es in Ihrem Leben Zeiten, wo das nicht so war? Dann wissen Sie, wie genussvoll es ist, selbst die Kontrolle zu übernehmen: Das erste selbst verdiente Geld , die erste eigene Wohnung (die eingerichtet wird, wie man selbst es sich vorstellt!), Tage, die man sich einteilt, wie man selbst es will.

Experiment von Stefan Klein zur Selbstbestimmung

Stefan Klein berichtet in seinem Buch von einem Experiment in amerikanischen Altenheimen, wo man die Bewohner ermutigte, selbst über ihren Alltag zu bestimmen: Über das, was sie essen wollten (statt einfach etwas vorgesetzt zu bekommen), über gewünschte Ausflugsziele (statt einfach im Bus irgendwohin gefahren zu werden). Außerdem übernahmen die Senioren einige Pflichten wie die Pflege ihrer Zimmerpflanzen selbst. So simpel und klein die Veränderungen uns erscheinen mögen – sie hatten große Auswirkungen auf das Wohlbefinden der alten Menschen: Sie übernahmen auch in anderen Bereichen ihres Lebens wieder mehr Verantwortung, intensivierten ihre Sozialkontakte, wurden seltener krank (die jährliche Todesrate sank um die Hälfte!) und fühlten sich insgesamt einfach glücklicher – die Ergebnisse von mehr Selbstbestimmung und Selbstverantwortung. (Klein, S. 276)

Was wir also brauchen, um glücklich zu sein, ist die Kontrolle über unser Leben: selbst definierte Ziele und dementsprechend gewählte Inhalte – Aufgaben, die uns herausfordern, statt uns zu über- oder unterfordern.

Wenn wir den Anforderungen einer Aufgabe gewachsen sind, völlig in ihr aufgehen, wenn wir diese Tätigkeit als sinnvoll, herausfordernd und erfüllend empfinden, wenn wir uns selbstbestimmt statt ausgeliefert fühlen – dann ist die Wahrscheinlichkeit, den sog. „Flow“ (Fließen) zu erleben, sehr hoch. Der Psychologe Mihaly Csikszentmihalyi hat dieses Gefühl erforscht und benannt (Csikszentmihalyi, 1992). Es beschreibt einen Zustand der völligen Selbstvergessenheit, Versunkenheit und Hingegebenheit an eine Aufgabe: Wir vergessen Zeit und Raum, sind absolut konzentriert auf die Anforderungen der Aufgabe, Handeln und Denken sind eins. Nichts kann uns ablenken: Weder Alltagssorgen noch zweifelnde oder negative Gedanken, auch nicht der Gedanke an den (möglichen) Erfolg. Für Goleman ist der „Flow“ ein „Zustand ohne störende Emotionen; das einzige, was man empfindet, ist ein unwiderstehliches, hochgradig motivierendes Gefühl milder Ekstase“. (Goleman, 1999, S. 121)

Flow-Erfahrungen machen glücklich und stärken unser Selbstkonzept, wir wissen jetzt, zu welchen Leistungen wir fähig sind – und wieder sein können.

Um den „Flow" zu erleben, brauchen wir neben Ausdauer und Konzentration als sinnvoll empfundene Aufgaben mit dem exakt richtigen, heraus-, aber nicht überfordernden Schwierigkeitsgrad und klar definierten Zielen, die uns durch ihr Erreichen positive Gefühle verschaffen.
Haben Sie solche Aufgaben in Ihrem Leben? Achten Sie auf Ihre Bedürfnisse und Ihre Wünsche und überprüfen Sie genau, in welchen Bereichen Ihres Lebens Sie noch nicht selbstbestimmt agieren, sich von anderen Ziele setzen und den Weg vorschreiben lassen. Übernehmen Sie die Kontrolle über und die Verantwortung für Ihr Leben selbst. Lassen Sie sich dabei von nichts und niemandem aufhalten, akzeptieren Sie nur die Grenzen, die Sie sich selbst (wohlüberlegt) setzen.

Baustein 4 – Körperliches Wohlbefinden

„Glück ist gute Gesundheit und ein schlechtes Gedächtnis."
Albert Schweitzer

Körperliches Wohlbefinden ist eine wichtige Voraussetzung für ein glückliches Leben. Jeder von uns weiß, wie schwer es fällt, sich zu konzentrieren, motiviert an eine Aufgabe heranzugehen und sie zu erledigen, wenn wir Kopfschmerzen, Zahnweh oder auch nur eine leichte Erkältung haben.
Am Wohlbefinden kann man (bis zu einem gewissen Grad) arbeiten – aber es gibt keine Patentrezepte. Jeder von uns muss sich individuell sein Konzept einer gesunden Lebensweise basteln – die Bausteine immerhin sind klar: Gesunde Ernährung, regelmäßige Bewegung, ausreichend Schlaf. Überprüfen Sie zunächst , wie es momentan bei Ihnen aussieht: Wie gesund leben Sie, wie wohl fühlen Sie sich? Beantworten Sie – ganz ehrlich! – die folgenden Fragen und planen Sie dem entsprechend eventuelle Veränderungen – in kleinen, realistischen Schritten.

Checkliste: Körperliche Fitness

- **Bewege ich mich ausreichend?**
  Gesundheitliche Eignung vorausgesetzt, sollten wir mehrmals pro Woche unseren Puls auf Trab bringen – der sog. „Trainingspuls“ liegt bei den unter 50-Jährigen bei etwa 130 Schlägen pro Minute, bei über 50-Jährigen gilt: 180 minus Lebensalter. Faustregel: Sie müssen noch genug Puste haben, um mit Ihrem Trainingspartner sprechen zu können.
  Um herauszufinden, welche Bewegungs-/Sportart für Sie am besten geeignet ist, fragen Sie Ihren Arzt, überlegen Sie, was Ihnen Spaß machen würde und was in Ihr Leben passt.

- **Ernähre ich mich gesund?**
  Achten Sie auf anerkannte Empfehlungen zur Ernährung, trinken Sie ausreichend (2 bis 3 Liter Wasser, Säfte, Früchtetees pro Tag)? Verzichten Sie auf Nikotin, gehen Sie mit Alkohol maßvoll um? Je öfter Sie „Ja“ sagen können, umso besser. Auch hier gilt: Lassen Sie sich individuell beraten, informieren Sie sich und wählen Sie dann aus. Ach ja: Und schmecken sollte es Ihnen auch...

- **Bekomme ich genug Schlaf?**
  Richtig ausschlafen macht glücklich! Unser Schlafbedürfnis ist individuell unterschiedlich – aber weniger als 7 Stunden sollten es nicht sein. Nur bei ausreichender Ruhe können sich Körper, Geist und Seele erholen und neue Kraft tanken. Schlafmangel dagegen macht nervös, gereizt und unzufrieden.

- **Gehe ich regelmäßig zum Arzt?**
  Nutzen Sie regelmäßige Check-Ups beim Arzt und Zahnarzt?

Über die Wechselwirkungen von Körper, Geist und Seele ist viel geforscht und geschrieben worden.

> Wir wissen genug, um uns darüber klar zu sein, dass körperliches Wohlbefinden zu seelischem und geistigem Wohlbefinden beiträgt.

Ein achtsamer Umgang mit dem eigenen Körper ist also ein wichtiger Baustein zum Glück.

6.2 Genießen Sie Ihr Leben

„Jeder Tag wird dir gereicht, um glücklich zu sein."
Johann Wolfgang von Goethe

Lust am Leben, genießen zu können, ist – so meine ich – ein wichtiger Glücks- und Erfolgsfaktor. Benutzen Sie alle Ihre Sinne, wenn Sie etwas tun: Schauen Sie genau hin, hören Sie, fühlen, riechen und schmecken Sie, wie etwas ist: Das duftende, warme Bad nach einer körperlichen Anstrengung, das kühle, klare, sprudelnde Glas Wasser an einem heißen Tag, die weichen, glatten Bettlaken, wenn Sie müde ins Bett fallen, das leckere, würzige Essen, Musik, bei der Sie richtig in Schwung kommen und laut mitsingen wollen...
Entscheidend ist dabei natürlich neben der Bereitschaft, etwas sinnlich zu erfassen und genießen zu können, auch der richtige Zeitpunkt: Das warme Bad kann Sie an einem heißen Tag sicher ebenso wenig reizen wie das leckere Essen, wenn Sie schon satt sind. Wenn beide zusammentreffen, das Bedürfnis und die Befriedigung des Bedürfnisses, dann folgt der Genuss wie ein Rausch, unser Körper schüttet Opiate aus, z.B. Endorphine, die für das Hochgefühl sorgen.

Die individuelle Seite: Können Sie genießen, mit allen Sinnen?

Nehmen Sie sich die Zeit, Ihre jeweiligen Bedürfnisse zu erkennen und befriedigen Sie sie dann auf genussvolle Weise?

Oder wissen Sie zwar, was Sie jetzt gern hätten und was Ihnen gut tun würde – aber Sie haben keine Zeit dafür?
Schaffen Sie sich überhaupt genug Gelegenheiten, zu genießen, schaffen Sie sich bewusst Momente für Spaß, Lust und Entspannung oder spielt das Wort „Pflicht" in Ihrem Leben die ungleich größere Rolle?
Benutzen Sie all Ihre Sinne, wenn Sie etwas erleben?
Tun Sie öfter mal, was Ihnen gut tut – und zwar ohne schlechtes Gewissen!
Was tun Sie gern, was sorgt bei Ihnen für positive Gefühle, für Freude, Zufriedenheit, Erheiterung, Genuss, Entspannung, Vergnügen etc.?

Übung

Sammeln Sie Ihre 20 persönlichen „Spaßmacher" und tragen Sie sie in eine Liste nach diesem Muster ein:

	Spaßmacher	**zuletzt genossen**
1		
2		

In der Spalte neben Ihren Spaßmachern tragen Sie ein, wann Sie diesen Spaßmacher zuletzt genossen haben. Ist es länger als vier Wochen her? Worauf warten Sie dann noch?
Ihnen fallen keine 20 Spaßmacher ein? Dann wird es aber höchste Zeit, dass Sie den Spaßfaktor in Ihrem Leben (wieder) erhöhen…
Überlegen Sie noch einmal: Gibt es Dinge, die Sie früher gern gemacht haben? Würde Ihnen das heute auch noch Spaß machen?
Schauen Sie sich Bekannte und Freunde an: Was tun die, um Spaß zu haben? Ist etwas dabei, das Sie sich auch für Ihr Leben bereichernd vorstellen? Dann probieren Sie es doch einfach mal aus!

Die motivationale Seite: Genießen Sie auch Ihre Erfolge

Blicken Sie einmal zurück auf die letzte Zeit: Was haben Sie alles erreicht, was haben Sie richtig gut hinbekommen, worauf sind Sie stolz? Gehen Sie in Gedanken die letzten Tage und Wochen chronologisch durch und verweilen Sie bei den Momenten, die Ihnen besonders positiv im Gedächtnis sind.

- Sie haben eine schwierige Aufgabe sehr gut erledigt?
- Sie haben etwas Neues gelernt und dann in die Praxis umgesetzt?
- Sie haben selbstbewusst eine ziemlich stressige Situation gemeistert?

Was waren Ihre letzten Erfolge? Loben Sie sich dafür! Lassen Sie Ihren Stolz darauf zu – und fangen Sie bloß nicht damit an, Sie hätten ja „nur Glück gehabt" und so schwer sei es ja auch nicht gewesen... Werten Sie sich nie mit Worten ab – streichen Sie Begriffe wie eigentlich, irgendwie, ein bisschen etc. aus Ihrem Sprachgebrauch, wenn Sie von sich und Ihren Leistungen sprechen!

Was haben Sie für Ihre Erfolge getan? Überlegen Sie und listen Sie es auf – Erfolg ist kein Zufall!

Reden Sie über Ihren Erfolg: Scheuen Sie sich nicht davor, andere an Ihren Erfolgen teilhaben zu lassen: Erzählen Sie Ihren Freunden, Kollegen, Bekannten davon, erleben Sie Ihren Erfolg durch das Reden darüber noch einmal. Nehmen Sie Lob, Anerkennung und Komplimente an und freuen Sie sich darüber!

Angst vor Neid? Berechtigt! Es gibt jede Menge offenen Neid auf erfolgreiche Menschen und noch viel mehr versteckten Neid. Menschen, die neidisch auf Sie sind, werden Ihnen oft Doppel-Botschaften senden: Man gibt Ihnen oberflächlich Anerkennung („Das hast Du gut gemacht..."), die allerdings mit einem „Aber" versehen ist („...aber das war ja auch ein Kinderspiel", „...aber da hast Du auch Glück gehabt", „...aber Du hattest ja auch Hilfe" etc.), der Ihren Erfolg zu einem Zufallsprodukt, einem Glücksfall erklärt.

Lassen Sie sich nicht entmutigen – von niemandem! Wenn Menschen erkennbar neidisch reagieren, spielt es keine Rolle, wie lange Sie sie schon kennen – lösen Sie sich aus solchen Beziehungen, die Sie nicht weiterbringen. Das schafft Raum und Zeit für Neues, neue Bekanntschaften, Freundschaften, von denen Sie wirklich etwas haben.

Der psychologische Tipp: „Moments of Excellence" nutzen

Aus der psychologischen Schule NLP (Neurolinguistische Programmierung) leitet sich folgender Vorschlag ab:

> Sie waren gut, Sie waren erfolgreich – und so speichern Sie es in Ihrem Gedächtnis: als „Moment of Excellence", eine Momentaufnahme Ihres Erfolges.

Wenn Sie wieder einmal vor einer vergleichbaren Situation stehen, die Sie als schwierig empfinden, die bei Ihnen Stress auslöst, erinnern Sie sich an Ihren „Moment of Excellence", um sich Mut zu machen.
Legen Sie sich ein geistiges Fotoalbum mit diesem Momentaufnahmen Ihres Erfolges an und blättern Sie darin sooft wie möglich: Um Ihre Erfolge noch einmal zu genießen, um sich zu entspannen, um sich neu zu motivieren, um Kraft zu gewinnen. Einige Anregungen, um das Leben zu genießen, finden Sie in dem Gedicht auf der gegenüberliegenden Seite zum Abschluss dieses Buches.

Wenn ich mein Leben noch einmal leben könnte,
im nächsten Leben würde ich versuchen,
mehr Fehler zu machen.
Ich würde nicht so perfekt sein wollen,
ich würde mich mehr entspannen.
Ich wäre ein bisschen verrückter, als ich es gewesen bin,
ich würde viel weniger Dinge so ernst nehmen.
Ich würde nicht so gesund leben.
Ich würde mehr riskieren, würde mehr reisen,
Sonnenuntergänge betrachten, mehr bergsteigen,
mehr in Flüssen schwimmen.
Ich war einer dieser klugen Menschen,
die jede Minute ihres Lebens fruchtbar verbrachten;
freilich hatte ich auch Momente der Freude,
aber wenn ich noch einmal anfangen könnte,
würde ich versuchen, nur mehr gute Augenblicke zu haben.
Falls du es noch nicht weißt,
aus diesen besteht nämlich das Leben;
Nur aus Augenblicken; vergiss nicht den jetzigen.
Wenn ich noch einmal leben könnte,
würde ich von Frühlingsbeginn an
bis in den Spätherbst hinein barfuß gehen.
Und ich würde mehr mit Kindern spielen,
wenn ich das Leben noch vor mir hätte.
Aber sehen Sie… ich bin 85 Jahre alt
und weiß, dass ich bald sterben werde.

Auf den Punkt gebracht:

- Zum Glücklichsein brauchen wir (zum Glück!) nur wenig an äußeren Faktoren wie z.B. Geld. Der Schlüssel zum Glücklichsein liegt in uns:

- Ein soziales Netz schaffen, Beziehungen aufbauen und pflegen, macht glücklich.

- Ein ausgeglichenes Gefühlsleben, die Kontrolle negativer Gefühle, macht glücklich.

- Ein selbstbestimmtes Leben, eigene Ziele und dementsprechend gewählte Aufgaben, macht glücklich.

- Ein achtsamer Umgang mit unserem Körper macht glücklich.

- Genießen, mit allen Sinnen, macht Spaß und glücklich. Genießen Sie ohne schlechtes Gewissen, aus vollem Herzen – genießen Sie Ihre Erfolge, genießen Sie Ihr Leben!

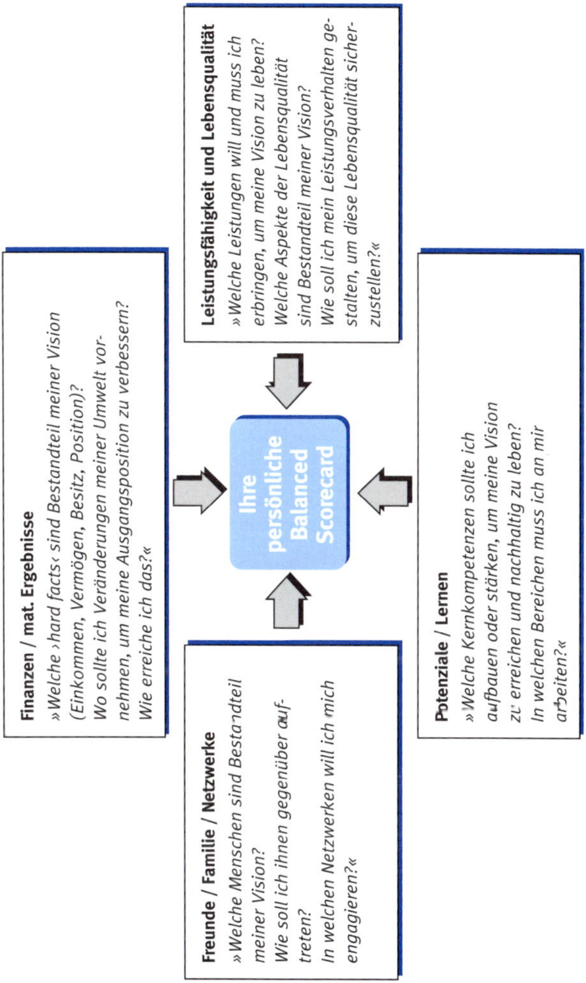
Finanzen / mat. Ergebnisse
»Welche ›hard facts‹ sind Bestandteil meiner Vision (Einkommen, Vermögen, Besitz, Position)?
Wo sollte ich Veränderungen meiner Umwelt vornehmen, um meine Ausgangsposition zu verbessern?
Wie erreiche ich das?«
Leistungsfähigkeit und Lebensqualität
»Welche Leistungen will und muss ich erbringen, um meine Vision zu leben?
Welche Aspekte der Lebensqualität sind Bestandteil meiner Vision?
Wie soll ich mein Leistungsverhalten gestalten, um diese Lebensqualität sicherzustellen?«
Ihre persönliche Balanced Scorecard
Freunde / Familie / Netzwerke
»Welche Menschen sind Bestandteil meiner Vision?
Wie soll ich ihnen gegenüber auftreten?
In welchen Netzwerken will ich mich engagieren?«
Potenziale / Lernen
»Welche Kernkompetenzen sollte ich aufbauen oder stärken, um meine Vision zu erreichen und nachhaltig zu leben?
In welchen Bereichen muss ich an mir arbeiten?«

Literaturverzeichnis

Arnold, R. u.a.: Dozentenleitfaden. Berlin 1999

Covey, S.R.: Die sieben Wege zur Effektivität. Ein Konzept zur Meisterung Ihres beruflichen und privaten Lebens. Frankfurt (Main) / New York, 1997

Crisand E. u. Lyon, U.: Anti-Stress-Training. Heidelberg, 1998

Csikszentmihalyi, M.: Flow. Das Geheimnis des Glücks. Stuttgart, 1992

Csikszentmihalyi, M.: Kreativität: Wie Sie das Unmögliche schaffen und Ihre Grenzen überwinden. Stuttgart, 1996

Degener More OFFICE® (Hrsg.)/Hütter, H.: Zeitmanagement. Berlin, 2002

Felser, G.: Motivationstechniken. Berlin, 2002

Freudenberger, H./North, G.: Burn-out bei Frauen. Frankfurt (Main), 1997

Gardner, H.: Kreative Intelligenz. Was wir mit Mozart, Freud, Woolf und Gandhi gemeinsam haben. Frankfurt (Main), 1999

Goleman, D.: Emotionale Intelligenz. München, 1999

Howard, P. J. u. Howard, J. M.: Führen mit dem Big-Five-Persönlichkeitsmodell. Frankfurt (Main), 2002

Klein, S.: Die Glücksformel oder: Wie die guten Gefühle entstehen. Reinbek bei Hamburg, 2002

Nölke, M.: Kreativitätstechniken. Planegg, 1998

Norem, J. K.: Die positive Kraft negativen Denkens. Bern/München, 2002

Seiwert, L. J.: Das 1 x 1 des Zeitmanagement. Landsberg am Lech, 2000

Seiwert, L.J./Müller, H./Labaek-Noeller, A.: 30-Minuten-Zeitmanagement für Chaoten. Offenbach, 2000

Sellnow, R.: Die mit den Problemen spielen... Ratgeber zur kreativen Problemlösung. Bonn, 1997

Schechter, H.: Entrümpeln Sie Ihr Leben! So befreien Sie sich von Andenken, Altlasten und anderem Ballast. München, 2002

Schimmel-Schloo, M. u.a. (Hrsg.): Persönlichkeitsmodelle. Die wichtigsten Modelle für Coaches, Trainer und Personalentwickler: Alpha Plus, Biostruktur-Analyse, DISG, Enneagramm, H.D.I., Insights MDI, Interplace, LIFO, MBTI, TMS. Offenbach, 2002

Schulz von Thun, F.: Miteinander reden, Teil 3: Das „Innere Team“ und situationsgerechte Kommunikation. Reinbek bei Hamburg, 2001

Sprenger, R.K.: Die Entscheidung liegt bei dir! Wege aus der alltäglichen Unzufriedenheit. Frankfurt (Main), 2000

Stichwortverzeichnis